KB263591

편식 잡는
아이 밥상

편식 잡는
아이 밥상

펴낸날 초판 1쇄 2017년 12월 1일 | 초판 2쇄 2017년 12월 5일

지은이 김주연

펴낸이 임호준
편집장 김소중
책임 편집 김민정 | **편집 3팀** 김은정 이민주
디자인 왕윤경 김효숙 정윤경 | **마케팅** 정영주 길보민 김혜민
경영지원 나은혜 박석호 | **IT 운영팀** 표형원 이용직 김준홍 권지선

인쇄 (주)웰컴피앤피

펴낸곳 비타북스 | **발행처** (주)헬스조선 | **출판등록** 제2-4324호 2006년 1월 12일
주소 서울특별시 중구 세종대로 21길 30 | **전화** (02) 724-7675 | **팩스** (02) 722-9339
포스트 post.naver.com/vita_books | **블로그** blog.naver.com/vita_books | **페이스북** www.facebook.com/vitabooks

ISBN 979-11-5846-194-2   13590

• 이 도서의 국립중앙도서관 출판예정도서목록(CIP)은 서지정보유통지원시스템 홈페이지(http://seoji.nl.go.kr)와
  국가자료공동목록시스템(http://www.nl.go.kr/kolisnet)에서 이용하실 수 있습니다. (CIP제어번호: CIP2017030937)

• 비타북스는 독자 여러분의 책에 대한 아이디어와 원고 투고를 기다리고 있습니다.
  책 출간을 원하시는 분은 이메일 vbook@chosun.com으로 간단한 개요와 취지, 연락처 등을 보내주세요.

비타북스는 건강한 몸과 아름다운 삶을 생각하는 (주)헬스조선의 출판 브랜드입니다.

편식 잡는 아이 밥상

봉봉날다 김주연 지음

비타북스

대한민국 모든 엄마 동지들에게…

아이를 먹이는 일이 이토록 치열한 삶의 문제가 될 줄은 몰랐습니다. 입만 벌려서 먹으면 되는 간단한 일인데 아이는 그 간단한 걸 하지 못해 힘들어했어요. 그런 아이가 답답해서 화도 났고 눈물도 났습니다. 남들은 다 잘하는 일을 우리만 못한다는 건 생각 이상으로 큰 좌절감을 안겨주었어요. 그러던 중에 작은 희망이 보이기 시작한 건 밥투정을 하는 아이에게서 제 모습을 발견한 후부터였어요. 어릴 때부터 지금까지 이어지고 있는 제 잘못된 식습관을 아이는 무서울 정도로 닮아있었거든요. 그리고 밥 안 먹는 아이를 나무라는 제 모습은 저희 부모님의 모습과 꼭 닮아있었어요. 그러니까 저는 결국 우리 부모님 같은 모습의 부모가 되어 저와 똑같은 아이를 훈육하고 있었던 거예요. 그제야 밥을 먹이는 일이 단순히 아이만의 문제가 아니라는 걸 깨달았어요. 문제가 보이니 답도 보이기 시작했습니다.

제가 아이를 위해 가장 신경을 쓴 건 식단에 다양한 변화를 주는 것이었습니다. 그리고 편식이 심한 아이를 골고루 잘 먹이기 위해 '식판식'을 선택했어요. 다양한 식판을 준비하고 그 안을 늘 새로운 음식으로 채워 아이에게 시각적, 미각적 즐거움을 느끼게 해줬어요. 아이는 다양한 엄마표 식판식에 관심을 가져주었고, 그런 관심은 음식에 하나둘씩 마음을 열고 맛을 보는 것으로 이어졌어요. 아이의 변화를 보며 저는 새로운 식단에 대해 계속 고민했고, 이 과정들을 블로그에 하나씩 기록하기 시작했습니다. 아이가 너무 안 먹어서 힘들었던 시간들과 제 마음의 변화, 노력한 방법들까지요. 그리고 많은 분들의 관심과 호응을 얻게 되어 〈유아식판식〉이라는 책을 쓰게 되었습니다. 감사하게도 그 책은 많은 엄마들에게 사랑을 받게 되었어요. 아이의 먹을거리 때문에 고민인 엄마들에게도 식판식이 대안이 되어주었던 거예요.

〈유아식판식〉 책을 낸 후부터 많은 분들에게 아이의 식습관에 관한 질문을 받아왔습니다. 많은 분들과 여러 가지 고민들을 나누며 저와 같은 고민을 해온 엄마들이 참 많다는 걸 알게 되었습니다. 그래서 지독하게 안 먹던 아이를 엄마 밥만 찾는 아이로 바꾼 제 경험과 노하우, 그리고 많은 엄마들과 고민을 나누던 이야기를 담아 책으로 쓰게 되었어요. 그리하여 세상에 나오게 된 〈편식 잡는 아이 밥상〉이 엄마와 아이가 교감을 나누고 서로에게 맞는 방법을 찾는데 도움이 되기를 바랍니다. 그리고 부디 아이를 향한 엄마의 끝없는 노력과 인내만큼은 마음에 새겨주었으면 하는 바람입니다.

그토록 안 먹어서 제 속을 까맣게 태우던 아이는 이제 밥 한 공기는 뚝딱 먹을 정도로 잘 먹고 편식하는 일도 거의 없어요. 더 달라며 밥그릇을 내밀 줄도 알고, 요리를 잘했다며 엄마에게 엄지를 들어 올려 칭찬해줄 줄도 알지요. 양 손으로 숟가락과 젓가락을 쥐고 우걱우걱 밥을 먹는 아이를 보고 있으면 그동안의 힘들었던 시간들이 머릿속에 흘러 지나가요. 고생한 보람이 있어요. 그 시간들은 모두 나와 내 아이를 성장시키기 위한 시간이었음을 이제는 알 거 같아요.

집밥은 따뜻한 추억이 되고 힘이 됩니다. 그러기 위해서는 가족의 품 안에서 즐거운 식사가 이루어져야 해요. 그래야 아이의 식습관도 올바르게 자라날 수 있어요. 아이와 함께 따뜻한 집밥의 추억을 하루하루 쌓아가길 바랍니다. 그 추억들이 아이에게도 큰 힘이 될 거예요.

밥 전쟁을 막 끝낸 준이 엄마, 김주연 드림

PART

3

평화로운 식사시간을 누릴 수 있을까?

편식 잡는 노하우

PART
4

밥상에서의 전쟁은 여기까지만 해요
밥상 위 금지어

지독하게 안 먹는 아이,
원인은 우리였다?!

내 아이의 편식

엄마 밥만 찾는 아이

올해로 6살이 된 우리 아이는 이제 편식을 거의 하지 않아요. 다양한 음식을 가리지 않고 잘 먹는데, 주위 사람들도 아이가 먹는 것을 보면 깜짝 놀랄 정도지요. 각종 콩이 들어간 밥, 다양한 제철 나물들, 심지어 냉잇국이나 쑥국, 아욱국처럼 씁쓸한 맛이 나는 국도 곧잘 먹고요. 고기를 먹을 때면 상추나 양배추에 쌈을 싸 먹는 걸 좋아해요. 닭고기, 돼지고기, 소고기, 생선 등 종류도 가리지 않고요. 먹는 양은 또 어떠한지요. 제가 먹는 양과 비슷할 정도로 많이, 그것도 잘 먹어요. 그러다 보니 주변에선 늘 질문합니다. "아이가 어떻게 그걸 먹어요?" 혹은 "그 밥을 다 먹어요?" 같은 질문이죠. 그럴 때마다 전 멋쩍게 웃으며 "네"라고 대답하는데 상대방은 꽤나 의아한 모양이에요. 보통 아이들은 꺼려하는 반찬들을 먹는다니까 더 신기한가 봅니다. 어쨌거나 그럴 때마다 전 부러움의 시선을 흠뻑 받아요. 사실 몇 년 전만 해도 아이와 밥상 앞에서 씨름하며 눈물을 쏟아내곤 했는데…. 그 고난의 세월들이 주마등처럼 눈앞을 스쳐 가네요. 누가 알까요? 직접 겪어보지 않고서는 모를 일이니까요.

친정엄마가 오랜만에 집에 오셨을 때였어요. 저는 잠깐 외출해 아이와 친정엄마 단둘이 집에서 점심을 먹게 되었지요. 그런데 친정엄마가 다급한 목소리로 전화를 거셨어요. "얘, 지금 준이랑 밥을 먹는데 얘가 콩나물무침을 다 먹었어! 엄청 잘 먹어!" 대단한 일을 목격한 듯 몹시 흥분에 찬 목소리였어요. 저는 아주 태연하게 대답했습니다. "걔 원래 콩나물 잘 먹어." 딸의 무덤덤한 대답에 친정엄마의 목소리가 한풀 꺾였지요. 순간 그 상황에 풋, 하고 웃음이 터져 나왔어요. 할머니는 굉장히 놀라운 것을 목격하고 들떠서 전화했는데 제 반응에 김이 새버리신 거죠. 대충 상황을 파악한 저는 빨리 집으로 가겠다며 살갑게 말했어요.

　이토록 편식 없이 잘 먹는 우리 아이가 유일하게 먹지 않는 게 있어요. 짜장면, 스파게티, 햄버거, 피자, 치킨 등의 배달음식과 인스턴트죠. 우리 부부가 자주 먹던 음식이었는데 아이의 편식을 고치기 위해 우리도 일절 끊어버렸어요. 때문에 아이 역시 접할 길이 없었고요. 새롭고 신기한 맛일 텐데 몇 년을 집밥으로 입맛을 잡아준 탓인가, 맛볼 일이 생겨도 잘 먹지 않아요. 맛이 이상하다고도 하고, 냄새가 마음에 안 든다고도 해요. 누군가가 권했던 탄산음료를 마시고도 오만상을 쓰며 퉤퉤 뱉어버린 아이예요. 외식을 나가면 먹는 둥 마는 둥 해요. 어쩌다 한 번 외식을 나가면 집에 오자마자 물을 마시고, 자다가도 깨서 물을 찾아요. 저녁 준비가 힘든 날, 치킨이나 피자를 시켜 먹자고 하면 아이는 고개를 절레절레 흔들지요. "피자가 얼마나 맛있는데 안 먹니? 엄마 봐봐. 아, 맛있어라"라고 아무리 얘기해도 소용이 없어요. "밥은 없어?" 아이는 기어코 이 한마디를 뱉고야 마네요. 오늘만큼은 소파를 떠나고 싶지 않았는데 결국 전 밥을 하러 주방으로 향합니다.

　사실 이 모든 사건(?)의 원인은 저인 셈이니 할 말은 없어요. 아이 입맛을 온전히 '엄마표'로 만드는 데 온 힘을 다해왔으니 말이에요. 그래도 저는 아이의 건강한 편식을 기쁘게 생각합니다. 엄마 밥만 찾는 아이 때문에 몸은 고될지라도 마음은 행복해요. 건강한 식습관 덕분에 아이는 크게 아픈 적 없이 건강하게 자라고 있으니 더 이상 바랄 게 없어요.

　오늘도 아이는 외칩니다.

　"엄마, 밥 줘~"

 # 엄마의
편식

어릴 적 나는 작고 마른 여자아이였다. 밥도 잘 안 먹었고 편식도 심했으며 허약했던 탓에 수시로 아팠다. 당시의 나는 엄마 등에 업혀 병원을 전전하는 것이 일상이었다. 엄마는 아직도 그때를 떠올릴 때마다 '어휴, 얼마나 힘들었었는지…' 하면서 고개를 절레절레 흔드신다. 그러니까 나는 꽤나 키우기 힘든 자식이었다.

지금도 크게 달라진 건 없다. 편식하는 버릇도 여전하다. 세 살 버릇이 정말 여든까지 가려는 모양이다. 어쨌거나 지금도 나는 밥을 잘 먹지 않는다. 먹기 귀찮거나 바쁘면 대수롭지 않게 굶는다. 이것보다 심한 문제는 편식이다. 내가 먹는 음식의 종류는 지극히 한정적이다. 쌀밥, 채소, 달걀, 두부, 생선 이 정도 선에서 돌아가며 먹고 있으며, 나머지는 잘 먹지 않는다. 특히 거부가 심한 건 소고기, 돼지고기, 닭고기 등의 육류인데, 이것들은 냄새만 맡아도 속이 울렁거린다. 과일이나 유제품도 안 먹는다. 과일이 입에 닿는 느낌과 씹는 기분이 싫다. 콩도 싫다. 콩밥은 정말 먹고 싶지 않다. 새로운 음식을 보면 두렵다는 생각이 앞선다. 냄새도 맡지 않겠다는 각오로 입을 꾹 닫고 인상을 쓰며 단호히 고개를 젓는다. 낯선 음식으로부터 나 자신을 보호하겠다는 의지다. 누군가 나에게 위의 음식들을 권한다면 다시는 그 사람과 식사를 하고 싶지 않을지도 모른다.

내가 이렇게 심각한 편식을 하게 된 가장 큰 이유는 바로 '냄새' 때문이다. 나는 예민한 성질을 타고났다. 오감 역시 잘 발달되어 있어 작은 변화에도 남들보다 크게 반응하며 민감하게 받아들인다. 특히 다양한 식재료들이 지닌 각각의 향에 민감한데, 그중에서도 거부감이 큰 것이 육류의 누린내다. 아무리 맛있는 양념으로 조리해도 그 속에 깔린 고기의 냄새부터 와 닿으니 입에 넣을 엄두가 나지 않는다. 같이 먹는 사람들은 전혀 느끼지 못하는데 나만 느끼는 것이다. 게다가 시각도 민감한 편이라 가끔 원치 않는 것을 보게 되면 상당히 오랜 시간 힘들어하기도 한다. 상상으로 이미지를 만들어내는 활동도 활발하다. 가끔은 내가 상상한 이미지가 먹는 것을 방해하기도 한다. 이런 식습관 때문에 학교나 직장 등 단체생활을 해나가는 데 힘이 들었다. 단체생활에는 늘 식문화가 함께 한다. 사람들은 함께 먹고 마시고 대화를 나누는 과정을 통해 마음을 주고받는데, 지극히 한정적인 음식만 먹을 수 있는 내가 낄 수 있는 자리는 많지 않았다. 자연스럽게 사람들과 어울리는 자리가 줄어들었다.

이렇게 먹는 것에 예민했기 때문인지 나는 왜소한 체격을 유지하고 있다. 작고 마른 몸이 볼품없이 느껴져 한때는 콤플렉스로 작용하기도 했다. 가장 큰 문제는 자주 아프다는 것이다. 어릴 때부터 잔병치레가 잦았고, 온 동네 감기는 다 옮아가지고 다니는 아이였다. 약한 체질은 일상생활도 힘들게 했다. 지금도 나는 남들과 같은 일을 해내기 위해 더 많은 시간과 노력을 들여야만 한다. 그럴 때마다 '체력만 좋았어도, 잘 챙겨 먹기만 했더라도 지금보다 더 많은 에너지를 낼 수 있었을 텐데…' 하며 아쉬워한다. 물론 그렇다고 해서 쉽게 바꿀 수 있는 습관이 아니라는 걸 잘 안다. 너무 오랜 시간 이렇게 살아와 그 습관이 굳어버렸기 때문이다.

습관이라는 것은 시간이 지날수록 점점 더 굳어지고 바꾸기 힘들어진다.

 아빠의
편식

시골에서 자란 남편은 자연 속에서 뛰어놀며 성장했다. 그
렇게 온종일 동네를 헤집고 뛰어다니려면 체력이 좋아야 했
을 텐데 밥을 참 안 먹었단다. 엄마가 밥 먹자고 부르면 도망
치듯 집을 뛰쳐나가 다리 건너까지 달려 나갔다고 하니 밥
먹기가 싫기는 엄청 싫었던 모양이다. 시어머니는 그런 아
들에게 밥 한 숟갈이라도 더 먹이기 위해서 서둘러 국그릇에
밥을 말아 들고 쫓아 나가셨다고 한다. 그렇게 밥그릇을 들
고 아들을 쫓아 온 동네를 뛰어다니며 입에 밥을 다 넣어주

고 나서야 빈 그릇을 들고 집으로 돌아오셨다고…. 그렇게 밥만 보면 도망가던 아이는 그래도 용케 집 밖에서 종일 뛰어놀았다. 강에서 헤엄치고 나무 위에 올라가고 들판을 뛰어다니며 체력을 쏟아냈다. 밥도 잘 먹지 않고 어떻게 그렇게 놀 수 있었을까? "당시에는 사방에 널린 게 다 먹을 거였어. 홍시며 과일이며 손에 닿는 대로 따 먹고, 또 물에 뛰어들어서 헤엄치고… 아, 정말 재밌었는데." 남편은 어린 시절을 회상하며 웃지만 엄마인 내 입장에서는 마냥 따라 웃을 수만은 없었다. 그렇게 밥도 안 먹고 밖에서만 뛰어노는 아들의 뒤를 밥그릇 들고 쫓아다녔을 어머니의 모습이 눈에 선했기 때문이다. 하지만 남편은 지금까지도 알지 못하는 듯하다.

당시 남편이 밥도 안 먹고 종일 밖에서 뛰어노는 것이 가능했던 이유는 사방이 논밭이었기 때문이다. 손에 닿는 것이 다 자기 음식이었으니 그걸로 실컷 배를 채울 수 있었다. 물론 잘 먹는 아이였다면 과일로 배가 찰 리 없었겠지만 입이 짧았던 남편은 과일로 배를 채우고 나면 밥 생각이 안 날 정도로 든든했다. 기본적으로 먹는 양이 적은 아이는 과일로도 에너지가 충분히 보충되는 느낌을 받는다. 그러니 밥을 먹으라는 엄마의 말을 뿌리치고 자신 있게 도망갈 수 있었던 것이다. 이미 배가 불렀고 속도 충분히 든든했으니까. 무엇보다 남편 입에는 밥보다는 과일이 훨씬 더 달고 맛있게 느껴졌기 때문이다.

남편은 성인이 된 지금도 과일을 참 좋아한다. 하루 종일 밥 대신 과일만 먹으라고 해도 맛있게 먹을 사람이다. 문제는 정말 밥을 안 먹어도 괜찮다는 거다. 배고플 땐 밥을 대신할 무언가만 있으면 된다. 습관적으로 종일 군것질을 하다 보니 정작 밥때를 놓치는 일도 많았지만 그에게는 문제 될 것이 없었다. 군것질로 인해 배는 부른 상태이고, 굳이 밥을 찾는 식성도 아니니 말이다. 나 같으면 아무리 과자가 맛있어도 밥 대신 먹으라고 하면 질리고 느끼해서 힘들 거 같은데 남편은 전혀 문제없단다. 문제는 이것뿐만이 아니었다. 그는 패스트푸드나 냉동식품, 가공식품 등도 좋아했다.

남편은 결혼 후 이런 식습관을 많이 고쳤지만 군것질을 하려는 습관만은 여전하다. 저녁을 아무리 맛있게 먹어도 아이를 재운 밤이면 과자 한 봉지를 뚝딱하곤 했다. 밥을 많이 먹고도 과자가 들어가는 걸 보면 저녁식사를 할 때부터 아예 과자 먹을 공간을 남겨두는 건 아닌가 싶었다. 그 와중에 남편과 내가 궁합이 잘 맞는 습관이 있다. 귀찮으면 굶어버리는 일이다. 남편도 나도 어렸을 때부터 굶는 일을 대수롭지 않게 여기다 보니 우리의 몸은 굶는 것을 자연스럽게 받아들인다. 배고프거나 힘들다는 신호도 보내지 않는다. 오히려 몸이 편안해질 정도다. 굶는 것도 습관이 되면 그리 어려운 일이 아닌 게 된다. 그리고 그것이 바로 밥 안 먹는 아이를 굶기면 안 되는 이유다. 몇 번 굶는 일이 반복되면 아이는 결국 굶어도 괜찮은 아이가 된다. 우리 부부처럼 말이다.

굶어도 괜찮다는
우리 아이

밥 안 먹고 편식하는 여자와 밥 안 먹고 군것질만 하는 남자
가 결혼을 해 아이를 낳았다. 그런데 아이가 안 먹어도 너무
안 먹는다. 어쩌면 처음부터 예견된 일이었는지도 모른다.
우리 아이는 첫 이유식을 하는 순간부터 거부가 심했다. 먹
을 걸 입에 넣어주면 뱉어버렸다. 나중에는 숟가락을 입에
가까이 대기만 해도 짜증을 내며 고개를 돌렸다. 다 싫다고
하니 어느 것 하나 제대로 먹일 수가 없었다.

　나는 당시 요리를 잘할 줄 모르는 초보 엄마였다. 그런 데

다 나도 편식이 심한 편이라 새로운 식재료를 사서 요리할 엄두조차 못 내고 있었다. 그러다 보니 아이의 이유식이 꽤나 한정된 재료로만 만들어졌다. 결국 이유식을 잘 챙겨주지 못한 채 돌이 되기 전에 유아식으로 넘어왔다. 밥과 반찬을 먹는 형식을 처음 접한 아이는 새로움에 잘 먹어주었다. 그러나 그것도 얼마 가지 않았다. 아이는 '무조건 안 먹어!' 태세를 취하며 밥에 대한 완벽한 거부자세를 보였다. 마치 작정하고 금식에 들어간 사람 같았다. 심한 편식도 문제였다. 채소도 달걀도 고기도 먹지 않았다. 재료들을 아무리 잘게 다져 주어도 잘 씹지 못했고, 헛구역질하며 뱉어내기 일쑤였다. 억지로 몇 번 받아먹다가 그 자리에서 바로 토한 적도 있다. 식사시간은 즐거워야 하는데 우리 아이에게는 그렇지 못했다. 매 순간이 힘겨워 보였다.

뭘 어떻게 해야 아이가 밥을 잘 먹을 수 있는 걸까. 하루도 고민하지 않은 날이 없었다. 안 먹는 아이를 붙잡고 화도 내보고, 울어도 보고, 혼자 속을 태우며 깊은 죄책감에 빠져들고, 아이가 너무 말랐다는 주변의 말 때문에 상처도 받았다. 안 해본 것이 없었다. 할 수 있는 건 다 해봤지만 크게 달라지는 건 없었다.

안 먹으면 굶기라고, 그러면 다음 끼니는 잘 먹을 거라는 말에 작정하고 아이가 밥을 찾을 때까지 굶겨보기도 했다. 그런데 하루 종일 밥을 굶고도 아이는 태연하기만 했다. 배가 고프면 기운이 없고 짜증도 날 텐데 그런 기색도 없이 깔깔거리며 노는 모습을 보니 가슴이 철렁했다. 그제야 내 아이는 입이 짧고, 먹는 것에 대한 욕심이 없다는 걸 인정하게 되었다. 배고프다는 느낌이 잘 들지 않고 소량만 먹어도 충분한 포만감을 느끼는 아이였다. 미각이 섬세하고 예민하다는 것도 알게 되었다.

그리고 그 모습은 우리 부부의 모습과 닮아있었다.

예민보스 엄마, 군것질 마니아 아빠
그리고 우리의 합작품

아이가 밥을 잘 먹지 않는 모습을 살피고 그 이유를 찾아서 따라가 보니 그 끝에 우리 부부의 모습이 있었다. 심각하게 음식을 가리고, 굶어도 태연하고, 억지로 먹으면 배탈이 나는 엄마, 과자 몇 봉지면 하루를 거뜬히 보낼 수 있는 아빠의 모습 말이다. 그 순간 정신이 바짝 들었다. 아이가 지금의 식습관을 유지할 경우 우리와 같은 길을 걷게 될 것이 보였기 때문이다. 그다음부터는 굶기는 방법은 절대 쓰지 않기로 다짐했다. 지독하게 안 먹는 아이는 굶긴다고 해결되지 않는다. 굶기는 방법이 통하는 아이는 그래도 어느 정도는 먹는 아이라는 뜻이다. 정말 안 먹는 아이는 굶기면 굶는 만큼 손해다. 가장 큰 문제는 굶는 일이 습관이 될 수 있다는 것이다. 어릴 때 생긴 습관은 나이를 먹을수록, 시간이 지날수록 점점 더 고치기 어려워진다. 그 말은 즉, 한 살이라도 어릴 때 나쁜 습관에서 벗어날 수 있게 부모의 도움이 절실하게 필요하다는 얘기다.

아이의 편식을 고치기 위해 다양한 방법들을 시도한들 문제의 근본적인 이해와 개선이 없다면 고치기 힘들다. 양육자의 평소 식습관, 성격과 취향, 임신 중의 식생활, 어릴 때의 생활환경 등에서부터 출발하여 문제를 들여다보고 개선해나가야 한다. 부모는 아이의 거울이다. 아이에게서 문제가 발견된다면 내가 가지고 있던 문제들이 아이에게 전이된 것이 아닌지도 점검해봐야 한다.

안 먹는 아이를 변화시키기 위해 끊임없이 자극을 주었지만 내 아이는 꿈쩍도 하지 않았다. 매시간이 전쟁 같았다. 그렇게 아이와 힘든 시간을 보내다가 깨닫게 된 사실이 있다. 아이를 변화시키려고 노력할 것이 아니라 당장 나부터 변화해야 한다는 사실이었다. 아무리 닦달해봤자 아이는 변하지 않는다. 엄마가 변해야 아이가 변한다. 실제로 나는 아이의 편식을 고치기 위해 다양한 식재료로 요리를 시도하다가 내 편식을 많이 고치게 되었다. 내가 평소에 안 먹던 나물 반찬을 맛있게 먹을 수 있게 되자 그때부터 아이도 나물 반찬에 손을 대기 시작했다.

지금 부모의 식습관은 어떠한가? 부부가 함께 깊은 대화를 나누고 합의한 다음 본인들부터 변하겠다는 다짐을 해야 한다. 내 아이의 미래를 위해 부모로서 어떻게 하는 것이 옳은지, 아이에게 무얼 해주어야 하는지 수시로 대화를 나누는 것이 중요하다.

일단 엄마, 아빠의 식습관을 체크해보자. 어떤 식으로 식사를 하는지, 편식은 어떠한지, 입맛은 어떤지, 성격이나 생활 태도는 어떠한지, 가족 간의 분위기는 어떤지…. 아이가 집밥을 안 먹고 가공식품이나 인스턴트만 찾는데, 부모가 햄, 소시지, 냉동식품 등을 좋아해 매일 빠지지 않고 먹는다면 아이는 편식을 고칠 본질적인 기회부터 차단되고 만다. 배달음식만 고집하는 아이의 부모가 유혹을 뿌리치지 못하고 수시로 치킨이나 피자를 배달시켜 먹는다면 아이의 식습관을 고치려는 노력은 점점 더 산으로 간다. 아이가 매일 밥 대신 간식만 달라고 떼쓰는데, 부모가 여전히 과자나 빵을 달고 산다면 아이의 식습관은 결코 달라지지 않는다.

그러니까 부모가 변하지 않으면 아이도 바뀌지 않는다.

부모라면 누구나 아이에게 좋은 환경을 제공해주고 싶다. 하지만 부모가 아이에게 조금이라도 안 좋은 영향을 끼치는 것이 있다면 모든 노력은 소용없는 일이 된다. 식습관 역시 마찬가지다. 아이에게 좋은 음식을 해주려고 노력하는 것보다 안 좋은 음식들을 하나씩 제거해주는 게 우선이다. 어릴 때부터 건강하지 못한 음식에 최대한 노출되지 않도록 해줘야 한다. 그 노출은 어디서부터 시작되는가. 바로 부모로부터 시작된다. 잠깐 편하고 싶은 마음에 부모 스스로 달콤한 유혹에 넘어가게 되면 그 후에 감당해야 하는 결과는 생각 이상으로 크고 힘들지도 모른다.

또 주변에서 아이에게 자꾸 이것저것 먹이는 상황에 속상해하는 부모들도 있다. 그렇게 속상해하기 전에 잊지 말아야 할 것이 있다. 아이의 부모는 나라는 사실이다. 아이의 미래를 지켜주고 책임져야 할 사람은 나다. 지인들은 잠깐 와서 아이의 예쁜 모습만 보고 떠나지만 평생 아이 옆에서 아이의 삶을 바라봐줘야 하는 건 나다. 그러니 엄마로서 아이를 위한 자신의 선택을 믿고, 그 신념을 지켜나가는 용기와 의지가 필요하다. 그래야 내 아이도 흔들리지 않고 건강한 미래를 만들어나갈 수 있다. 주변에서 하는 말과 행동에 내가 휩쓸린다면 아이 역시 같이 흔들릴 수밖에 없다. 주변인들이나 친척들의 눈치 때문에, 유별난 엄마라는 말 때문에 정작 소중한 내 아이의 미래가 흔들리고 있다는 생각을 하면 내 소신이 얼마나 중요한지 알게 될 것이다. 엄마가 더욱 단호해져야 한다.

아이가 밥을 먹지 않는 방법과 이유는 다양하다. 아이들의 미각은 어른보다 더 섬세하고 예민하다. 나는 느끼지 못하는 냄새와 맛을 아이는 느낀다. 나는 맛있지만 아이 입맛에는 맛이 없다. 아이는 어른보다 더 다양한 방식으로 맛을 느끼기 때문이다. 내 아이를 관찰하며 '먹지 않는 방법과 이유'에 대한 연구를 시작해야 한다. 그리고 잘 맞는 방법을 찾아내자. 내 아이를 더욱 관심 있게 바라보길 바란다. 오래 천천히 바라봐야 알 수 있다.

세상으로부터 내 소신을 지키는 단호함과 아이에 대한 예리한 통찰력, 그리고 나 자신부터 변화하는 일! 적어도 이 세 가지만큼은 지금부터 실천해보자.

대체 왜 안 먹는 거니?

편식의 원인

Essay

우리 아이는 이유식 단계를 제대로 거치지 못했다

우리 아이는 이유식 과정을 제대로 이행하지 못했습니다. 변명을 조금 하자면 아이의 이유식 거부가 너무 심했고, 모유 의존도가 높았기 때문이지요. 게다가 그때만 해도 이유식을 어떻게든 잘 챙겨 먹여야겠다는 인식이 부족했어요. 아이가 이유식을 덜 먹으면 그냥 모유로 채워주었고, 돌 지나서는 흰 우유의 의존도를 높이면 된다고 생각했죠. 걱정되고 불안한 마음에 간식을 열심히 준비하기도 했고요.

지금 생각해보면 전 이유식을 잘 챙겨줘야겠다는 노력보다는 이유식을 대신할 것들을 채워주는 데만 급급했던 거 같아요. 이유는 간단했어요. 후자의 노력이 더 쉬웠기 때문이에요. 이유식을 잘 챙겨 먹이려는 노력은 힘만 들었던 반면, 다른 간식들로 이유식을 대체하려는 노력은 쉬우면서 스스로도 위안이 되었거든요. 그래서 우리 아이는 다양한 맛을 경험하지 못한 채 곧바로 유아식으로 넘어오게 되었습니다. 유아식으로 넘어온 뒤 처음에는 호기심에 조금 먹나 싶더니 곧 다시 거부하기 시작했어요. 아이가 점점 더 격하게 밥을 거부하는 걸 보며 점차 문제의 심각성을 인지하게 됐고요.

이유식 단계는 아이에게 무척 중요한 단계예요. 모유나 분유만 먹던 아기에게 영양을 보충해주는 시기이자 생애 처음으로 다양한 맛을 접해보는 시기니까요. 어릴 때 다양한 식재료의 맛을 점차적으로 접했던 아이는 음식에 대한 거부감이 덜해요. 식감도 마찬가지예요. 묽은 미음에서 점차 건더기가 큰 형태로 바꿔주는 것 역시 아이에게 다양한 식감을 경험하게 해주는 의미인 셈이죠. 이 시기가 본격적으로 밥을 먹기 위한 준비 단계예요. 그런데 이때 이유식을 제대로 먹지 못한 아이들이 유아식으로 넘어가면 편식을 하게 될 가능성이 높아진답니다. 새로운 음식에 대한 거부감이 강하고, 식감이 조금만 거칠거나 건더기가 크면 씹지 못해 컥컥거리거든요. 음식에 대한 적응기간을 제대로 거치지 못했기 때문에 밥 먹을 준비가 안 되어있는 것이죠.

　이유식을 제대로 하지 못하고 넘어간 것이 이렇게 큰 문제가 될 줄 몰랐어요. 그래서 유아식을 시작하면서는 많은 고민을 했답니다. 다시 이유식으로 되돌아가기에는 늦은 거 같고, 그렇다고 잘 먹지 못하는 밥을 억지로 먹일 수도 없고…. 밥과 반찬을 준비해주면 아이는 밥을 씹어 넘기지 못했고, 씹다가 힘들면 헛구역질을 하며 뱉어냈어요. 열심히 다진 고기도 아이 목에 들어가면 걸리기 일쑤였죠. 이가 늦게 났기 때문에 씹는 것을 더 힘들어했던 것도 있어요.
　대안으로 저는 한동안 이유식과 밥을 병행하는 방법을 썼어요. 아침은 죽으로 부드럽게 먹도록 준비했는데, 재료를 과하게 넣지 않아 한두 가지 맛에만 집중할 수 있게 했어요. 점심은 아이가 간식처럼 먹을 수 있는 주먹밥이나 밥전 같은 핑거푸드를 준비했고요. 저녁 한 끼는 식판식으로 했어요. 밥에는 잡곡을 넣지 않은 채 쌀밥으로만 질게 지었고, 맑은 국을 함께 준비해 밥을 촉촉하게 먹을 수 있도록 도와주었죠. 반찬 역시 잘게 다지거나 푹 익혀서 최대한 부드럽게 만들었어요. 너무 다양한 반찬을 강요하지 않고, 아이가 한두 가지 맛이라도 제대로 음미하며 먹을 수 있도록 신경 썼어요. 아이는 제 노력을 천천히 받아들이기 시작했습니다. 그때부터 차츰 죽과 핑거푸드의 비중을 줄여나갔고, 나중에는 온전히 세 끼를 다 식판식(또는 한 그릇 식사)으로 하는 것이 가능해졌어요. 느린 속도였지만 아이는 분명 변하기 시작했어요.

# 까다로운 기질을 가진
아이

내 아이가 섬세하고 예민한 아이인지 아닌지는 부모가 가장 잘 안다. 특히 편식이 심한 아이일수록 감각기관은 물론 성격까지 예민할 가능성이 높다. 하지만 예민하다고 해서 무조건 밥을 안 먹고 편식하는 것은 아니다. 남들보다는 조금 힘들지만 분명 자기만의 방법으로 충분히 즐겁게 식사를 할 수 있다. 문제는 자기만의 방법을 만나지 못했을 때 발생한다. 아이가 어릴수록 그 방법은 부모가 찾아주어야 한다. 그렇다면 예민하고 섬세한 아이에게 맞는 방법을 어떻게 찾을 수 있을까?

다양한 시도가 답이다. 매일 다양하고 새로운 시도를 해줘야 한다. 그리고 아이의 마음을 최대한 편하게 만들어주자. 비난보다는 응원이 필요하다. 잊지 말아야 할 것은 내 아이가 다른 아이보다 섬세한 기질을 가졌다는 것이다. 그것은 내 아이가 타인보다 더 많은 것을 보고 느끼고 경험할 수 있다는 뜻이고, 더 많은 감각들을 자유롭게 활용할 수 있다는 뜻이기도 하다. 그런 기질을 잘 활용한다면 아이는 자신만의 능력을 더욱 잘 발휘하며 살 수 있다. '너는 왜 이렇게 예민하니?'라는 말로 아이를 몰아세우지 말자. 아이가 스스로 자기의 성향을 부정적으로 인식하는 일은 없어야 한다.

아이가 까다로운 기질을 가지고 있어서 밥 먹기가 힘들다는 걸 알았다면 식사도 아이 맞춤형으로 준비해야 한다. "몸에 좋은 거니까 이건 다 먹어야 돼!" 또는 "남들 다 먹는 거니까 너도 먹어!"와 같은 식으로 강압해서는 안 된다. 먹고 싶은 음식을 아이가 선택할 수 있도록 해주되, 그 안에서 다양한 음식을 접할 수 있도록 변화를 주자. 또한 예쁜 식판이나 그릇, 숟가락 등을 활용하는 것도 도움이 된다. 식사 준비를 할 때도 음식의 색을 고려하면 효과가 좋다. 초록(시금치), 빨강(당근), 노랑(달걀노른자) 등 원색을 내는 식재료들을 골고루 활용해보자.

아이 앞에서 큰 가위로 반찬을 툭툭 자르는 일은 피하는 것이 좋다. 아이가 보지 않는 곳에서 잘라주거나 처음부터 작게 잘라서 요리하는 것이 좋다. 내 아이는 작은 자극도 크게 받아들이고 오래 가슴에 새겨두는 아이라는 걸 잊지 말자. 이건 그만큼 작은 상처에도 다칠 수 있는 섬세한 감정을 갖고 있다는 말이다. 최대한 아이만을 위한 맞춤 식사를 준비했다는 인상을 줄 수 있도록 해야 한다. 그 한 끼에 정성을 가득 담았다는 걸 알릴 수 있는 식단이 좋다.

가장 피해야 할 것은 억지로 먹이는 일이다. 오감이 발달하고 섬세한 아이일수록 억지로 입안에 들어온 음식에 대한 불쾌감이 오래 남으며, 심할 경우 그 음식과 영영 이별하는 사태까지 갈 수도 있다. 그러니까 억지로 입안에 들어온 음식에 대한 단 한 번의 경험으로 그음식만 보면 괴로운 감정을 떠올리며 살아가게 될 수도 있다는 말이다. 모든 감각이 그 음식에 대한 거부감을 단단히 기억한다.

나는 고기를 먹지 않는다. 어린 시절부터 쭉 고기와는 담을 쌓아왔다. 지금은 고기를 좋아하는 아이와 남편을 위해 거의 매일같이 고기 요리를 하는데, 사실 이 자체가 내게는 상당히 힘든 일이다. 그래서 고기 요리를 할 때마다 숨을 참고, 눈을 질끈 감고, 위생장갑을 낀채 최대한 고기에 노출되지 않으려고 노력한다. 내가 이렇게까지 고기를 싫어하게 된 데는 어렸을 때 겪었던 안 좋은 기억이 크게 작용했다. 어렸을 때도 고기를 잘 안 먹긴 했지만 이렇게 거부하는 정도는 아니었다. 엄마가 몰래 밥에 섞어주면 모르고 씹기도 하고, 장조림 같은 건 밥에 비벼 맛있게 먹기도 했다. 탕수육이나 돈가스 같은튀김은 케첩을 찍어서 잘 먹었다. 그런데 한 번은 친척들과 삼겹살을 먹는 자리가 있었다. 내가 삼겹살을 먹지 못한다고 하니 옆에 있던 어른이 나를 다그치고 혼을 내셨다. 왜 이 맛있는 걸 안 먹느냐며 억지로 삼겹살을 먹도록 강요했다. 그 어른 입장에서는 작고 마른 아이가 고기까지 안 먹는다고 하니 안쓰러우셨을 것이다. 부모가 되니 그분의 마음이 이해가 되지만 아이 입장에서는 괴로운 일이었다. 그 분은 두툼한 고기를 집어서 내 입에 넣어주기까지 했다. 입 안으로 꽉 차게 들어오는 고깃덩어리를 어쩌지도 못하고 잠시 물고 있었다. 뱉으면 혼이 날거 같았기 때문이다. 하는 수 없이 씹었는데 그 순간 헛구역질과 함께 그대로 고기는 입 밖으로 튀어나갔고, 동시에 눈물이 핑 돌았다. 그날 이후 나는 단순히 고기를 잘 먹지 않던 아이에서 고기를 완강하게 거부하는 아이가 되었다. 나는 고기와 영영 이별하게 되었다.

밥을 너무 안 먹고 편식이 심한 아이 때문에 힘든 시기를 보냈을 때부터 지금까지 반드시 지키는 원칙이 있다. '절대 억지로 먹이지 않는다는 것'이다. 이건 그 어떤 것보다 중요한 문제다. 아이가 싫어하는 음식을 아이 입에 억지로 넣지 말라. 그 순간 아이의 모든 감각 기간이 들고 일어나 강하게 거부하려 들 것이다. 아이에게 건강한 음식을 먹이는 것보다 더 중요한 건 내 아이를 하나의 인격체로 존중하는 일이다. 먹고 싶은 건 먹고, 먹기 싫은 건 먹지 않을 기본적 권리가 내 아이에게도 있다는 것을 잊지 말아야 한다.

강압적인 식사 분위기가
힘겨운 아이

이기 다 안 먹으면 못 일어날 줄 알아!

지금 우리 집 식사시간을 떠올려보자. 어떤 분위기에서 식사하고 있는가? 온 가족이 함께 앉아서 같이 식사를 하고 있는가? 하루의 안부를 묻는 등 가족 간의 대화가 오고 가는가? 웃음소리가 퍼지는가? 엄마와 아빠의 목소리는 어떠한가? 다정한 목소리로 아이에게 맛있게 먹으라고 이야기해주는가? 아이에 대한 따뜻한 칭찬이 흘러나오는가? 텔레비전 대신 잔잔한 음악과 따뜻한 조명이 함께 하는가?

혹시 위의 식사시간이 너무 이상적으로만 느껴지고, 우리 집과 동떨어진 다른 세상 이야기 같다면 지금 당장 우리 집 식사 분위기를 재정비할 필요가 있다. 이는 결코 비현실적인 상황이 아니다. 아이의 식습관을 개선하기 위해 꼭 필요한 요소다.

가족과의 식사시간은 아이의 식습관에 큰 영향을 미친다. 식탁에서 아이 혼자 먹게 하는 경우, 엄마는 먹지 않고 옆에서 아이 먹는 걸 도와주기만 하는 경우, 부모가 식탁에서 강압적인 분위기를 형성하는 경우, 식판에 음식을 가득 차려주고 다 먹어야 한다는 묵직한 강요를 함께 내려놓는 경우, 식사 예절에 너무 집중한 나머지 과도하게 훈육하는 경우, 아이가 용기를 내 채소를 먹는 시도를 해보았지만 따뜻한 칭찬 대신 다른 음식도 먹으라며 잔소리를 하는 경우 등 딱딱하고 권위적인 가족의 식사 태도는 그 아이의 식습관에 좋지 않은 영향을 미친다. 식사시간은 누구에게나 즐거워야 한다. 강압적인 분위기에서 스트레스 받으며 먹는 밥이 과연 아이의 건강에 이로울까? 잘 먹는 것보다, 편식하지 않는 것보다, 즐거운 식사가 기본이다. 스트레스를 받거나 불안한 환경에서 한 그릇 가득 먹는 밥보다 조금 적게 먹더라도 즐겁게 먹는 밥이 건강에 더 이롭지 않을까?

아이가 훗날 성인이 되어 '집밥'을 떠올렸을 때 어떤 감정이 먼저 떠오르기를 바라는지 생각해보자. 행복하고 따뜻한 기억이면 더할 나위 없겠다. 집밥의 기억은 한 인간을 평생 따라다니며 힘이 되어준다. 심신을 든든하게 해주는 마음의 안식처다. 온 가족이 모여 화목한 분위기에서 식사를 하면 아이도 즐겁다 느끼고, 그 시간만 되면 기분이 좋아진다. 기분이 좋으면 무얼 먹어도 맛있게 느껴지지 않는가. 아이도 마찬가지다.

반대로 생각해보자. 밥상에 가족들이 다 모여 앉기는 했으나 밥상머리 교육을 한다는 이유로 아이의 행동 하나하나를 지적하고 혼낸다. 부모는 아이의 밥상머리 행동 교정에 힘쓰느라 아이가 누려야 할 즐거운 식사 분위기를 놓치고 말았다. 아이는 식사시간마다 주눅이 들고 기가 꺾이니 당연히 밥 먹는 일도 즐겁지가 않다. 자연스레 입맛도 떨어진다. 게다가 어느 날은 자기가 정말 먹고 싶지 않은 반찬이 앞에 주어지고, 부모는 그 음식을 다 먹지 않으면 안 된다며 윽박지른다. 여기까지 오면 아이 입장에서는 상당히 절망적이다. 최대한 혼나지 않으면서 이 음식을 안 먹는 방법에 대해 고민하느라 식사시간의 즐거움은 놓치고 만다.

아이가 먹기 싫어하는 음식을 앞에 차려놓고 '이거 다 먹어. 안 먹으면 못 일어나'라고 강요하는 건 아이의 인격을 무시하는 행위와 다름없다. 아무리 부모라고 해도 싫은 음식을 강압적으로 먹일 권리는 없다. 아이를 생각하는 마음에 훈육하는 건 이해하지만 적어도 밥 먹는 시간만큼은 부정적 감정을 느끼게 해서는 안 된다. 그것은 아이가 밥상과 점점 멀어지게 만드는 주범이 된다. 잔소리나 훈육할 일이 있더라도 일단 식사시간은 피하는 것이 좋다.

나는 어렸을 때 부모님과 밥을 먹다가 밥상에서 크게 혼이 났던 기억이 있다. 안 그래도 밥을 참 안 먹는 아이였는데, 그날 밥상에는 특히 더 싫어하는 반찬들만 있었다. 정말 밥을 먹고 싶지 않았지만 그러면 부모님께 혼이 날까 걱정이 앞섰다. 입맛도 없었던 터라 반찬에는 손을 안 대고 밥만 꾸역꾸역 먹었다. 어떻게든 내 앞에 있는 밥공기만 비우면 되겠지 싶었던 것이다. 그런데 부모님이 별안간 화를 내셨다. 너무 놀라서 입에 밥을 물고 얼어버렸다. 그렇게 밥 먹을 거면 먹지 말라고 화내던 부모님의 모습이 눈에 선하다. 어린 시절 기억이 이렇게까지 생생하게 난다는 게 신기할 정도로…. 그때는 정말 밥을 먹고 싶지 않았지만 먹지 않으면 혼날 거 같아서 억지로 밥만 퍼먹었는데 부모님 눈에는 반항하는 것처럼 보였던 모양이다. 이도 저도 할 수 없는 답답한 마음이 눈물과 함께 쏟아져 내렸다. 그 이후로 부모님과 함께 하는 식사가 어렵게 느껴지기 시작했다. 그런 기억들이 나를 밥상에서 더욱 밀어냈던 건 아닐까 생각한다.

요즘은 맞벌이하는 집이 많고, 야근이나 주말 출근 등으로 바쁜 부모들이 많다 보니 온 가족이 모여 식사하는 게 쉽지 않다는 걸 잘 알고 있다. 각자 식사를 해결하는 일이 점점 습관처럼 굳어지는 추세다. 아이는 부모가 따로 먹여주는 경우가 많고, 부모 역시 시간이 날 때 각자 식사를 해결한다. 가족이 매일 함께 식사하는 것이 힘들다면 적어도 주말 아침이나 저녁만이라도 아이와 함께 식사하는 시간을 꼭 가지길 바란다. 아이와 함께 하는 시간이 부족할수록 아이와 함께 하는 짧은 시간에 더욱 집중하고 즐겁게 보낼 의무가 있다. 어쩌다 함께 하는 식사시간에 엄마, 아빠, 아이들 모두 자기만의 세상에 빠져 있지 않도록 주의하고, 다 함께 즐거움을 나눌 수 있는 식사시간을 갖기를 바란다.

그리고 식사시간 중에는 가족 중 누구도 밥상을 이탈하지 않도록 하자. 마지막 한 사람의 식사가 다 끝날 때까지 함께 밥상을 지키는 것. 사실은 아주 간단하면서도 어려운 일이지만 아이의 식습관 개선에 기본이 되는 일이다. 누군가가 식사를 빨리 끝내고 일어나는 순간 아이의 마음은 동하기 시작한다. '빨리 먹고 내려가서 놀아야지' 하는 판단이 서는 것이 아니라 지금 당장 나도 따라 내려가서 놀고 싶은 마음에 안달이 난다. 일단 흔들린 아이의 마음은 쉽게 가라앉지 않는다. 옆에서 아무리 잔소리를 해도 아이의 마음은 이미 떠난 상태다. 엉덩이를 들썩거리며 안달이 난 아이에게 차분하게 앉아 계속 식사를 하게 하는 과정은 너무나 힘들다. 그러니 모든 가족의 식사가 다 끝날 때까지 식탁에서 이런저런 대화를 나누며 식사시간을 유지해나가려는 노력이 필요하다.

# 모유 & 우유 의존도가
높은 아이

밥을 잘 먹지 않는 또 한 가지 이유는 모유(또는 분유)와 우유에 의존도가 높은 경우이다. 배가 부르기도 하고 모유가 맛있으니 굳이 다른 음식을 먹어야 할 필요를 느끼지 못하는 것이다.

이때 엄마는 수유와 이유식 사이에서 갈등한다. 이유식을 먹지 않으니 수유를 해서라도 영양을 보충해줘야 하는지, 아니면 수유 양을 줄이거나 끊어야 하는지…. 이런 고민은 단유 후에 우유로 이어지기도 한다. 우유에 대한 의존도가 높은 아이 역시 밥을 잘 먹지 않는다. 밥 대신 우유만 먹으려 하고, 우유를 먹고 나면 배가 부르니 또 밥을 먹지 않는다. 엄마는 아이가 식사량이 적으니 우유로라도 부족함을 채워주고자 한다. 그렇게라도 먹여야 마음이 놓이기 때문이다.

밥(이유식)을 안 먹는 아이에게는 단유가 정답일까? 아니면 수유로 계속 보충해줘야 할까? 나도 같은 고민을 오랫동안 해왔다. 내 아이는 모유에 대한 의존도가 높았다. 엄마젖만 있으면 되는 아이였다. 이유식은 안 먹으려고 하고 모유는 자꾸 찾았다. 주변에서는 다들 젖을 끊으라고 성화였다. 나와 아이는 단유 준비가 되어있지 않았고, 모유를 먹으면서도 밥을 잘 먹는 방법에 대해 연구하느라 애쓰는데 주변에서는 너무도 쉽게 단유를 하라고 강요하니 마음이 아팠다. 그런 말들에 흔들리지 않은 건 아니지만, 그래도 나는 나와 내 아이를 믿어보기로 했다.

단유를 하면 예전에 비해 밥을 조금 더 잘 먹기는 한다. 그래서 정말 방법이 없을 경우 단유가 하나의 방법이 된다. 하지만 단유를 한다고 무조건 밥을 잘 먹는 아이가 되는 것도 아니다. 다시 말해 단지 밥을 잘 먹게 하겠다는 이유만으로 단유를 결정할 필요는 없다는 것이다. 나는 밥도 잘 먹고 간식으로 수유하는 것도 충분히 가능하다는 것을 믿었기에 갑작스러운 단유를 하지는 않았다.

대신 매일 아이와 깊은 대화를 했다. 왜 모유만 먹으면 안 되는 건지, 왜 모유는 밥을 먹은 후에 간식으로 먹어야 하는지 등 구체적 근거를 들어가며 자세히 설명해주었다. 엄마는 모유를 좀 더 주고 싶지만 밥을 잘 먹지 않으면 어쩔 수 없이 모유를 그만 먹어야 한다는 이야기도 해주었다. 아이가 내 이야기를 받아들일 수 있다고 믿으며 매일 설명해주었다. 그러다가 어느 순간 아이가 내 이야기를 듣고 고개를 끄덕였다. 그러기까지 약 3개월의 시간이 걸렸다. '말도 못 하는 아기와 무슨 대화가 가능하겠어.' '엄마 말을 어떻게 이해하고 알아듣겠어.' 혹시 이런 생각을 하며 대화조차 시도하지 않은 건 아닌가? 아이가 말을 못 하더라도 엄마의 말은 알아듣고 이해한다. 다만 반응을 보이는 방법이 미숙할 뿐이다. 아기의 눈높이에 맞춰서 쉽게 설명하려고 애쓰지 않아도 좋다. 있는 그대로 설명해주자. 아이는 엄마가 생각하는 것 이상으로 훨씬 더 많은 것들을 받아들일 준비가 되어있다. 단순히 명령형으로 안 된다는 말만 할 것이 아니라 왜 안 되는 것인지 제대로 설명해줄 필요가 있다.

아이가 고개를 끄덕이며 내 설명을 이해하고 받아들인 순간부터 우리 집 식탁에 큰 변화가 찾아왔다. 밥을 완강히 거부하던 아이는 세 끼 밥을 조금이나마 먹어주기 시작했고, 하루 두 번 간식으로 모유를 먹었다. 그 패턴을 잘 지켜주었고, 20개월쯤 되어서는 큰 어려움 없이 단유를 할 수 있었다. 무엇보다 아이를 많이 울리지 않고 단유에 성공했다. 아이도 나도 크게 스트레스를 받지 않고 단유했다는 것이 가장 큰 성과였다.

혹시라도 스스로의 판단이 아닌 외부의 조언과 강요로 인해 단유를 고민하고 있다면, 고민을 내려놓고 자신에게 좀 더 당당해지라고 응원해주고 싶다. 지금 아이와의 시간을 충분히 즐기고 만끽하자. 그 시기가 지나면 품에 안고 잠드는 것조차 힘들어진다. 그때가 많이 그립고 허전해진다. 품 안의 자식이라고, 이제 엄마 품을 떠나면 제 세상인 듯 살아갈 아이들인데 좀 더 내 품에 끼고 있지 못했음을 후회하고 그리워하게 될지도 모른다.

밥을 너무 먹지 않고 거부가 심할 경우 단유가 하나의 방법이 되는 것은 분명하다. 그러나 단유가 최고이자 최선의 방법은 아니다. 수유를 이어가면서도 밥을 잘 먹게 하는 방법이 많다. 다양한 방법들을 시도해보고 도저히 안 될 경우 최후의 수단으로 단유를 선택할 수도 있다. 아이와 엄마에게 단유가 필요한 상황이라 여겨 주도적으로 단유를 하는 것은 괜찮지만 단지 밥을 잘 먹게 하기 위해서, 주변의 말과 시선 때문에 단유를 선택하지는 않기를 바란다. 나와 내 아이를 좀 더 적극적으로 믿어보자.

심리적 & 건강상의
문제

잘 먹던 아이가 갑자기 먹기를 거부하는 경우가 있다. 아이의 입맛을 돌아오게 하기 위해 다양한 음식들을 준비하고 다양한 변화를 시도해보지만 소용이 없다. 아이는 굳게 다문 입을 벌리지 않는다. 엄마는 속이 타들어 간다. '네가 좋아하는 거잖아. 왜 안 먹는 거야?' '뭐 먹고 싶은 거 없어?' 애가 타니 이런저런 질문을 해보지만 아이는 묵묵부답이다.

아이의 식욕에 갑자기 변화가 생겼을 때는 건강 혹은 심리에 문제가 생긴 건 아닌지 추측해볼 수 있다. 아이는 건강에 이상이 생겼을 경우 밥 먹기를 거부한다. 심리적인 문제도 마찬가지다. 잘 지내던 아이가 스트레스나 심리적 불안감을 느끼는 일이 생겼을 경우, 불안감으로 인해 식욕을 잃는다. 그러니 아이를 잘 관찰하고 대화를 통해 아이의 현재 상황과 심리상태를 파악하려는 노력이 중요하다.

아이는 주로 가족, 기관, 친구 등 주변 요인에 의해 다양한 심리적 문제가 발생한다. 기관생활에 문제가 없는지, 엄마가 없는 공간에서 아이가 혼자 감당해내야 하는 어려움이 있는 건 아닌지, 혹시 그런 문제들을 선생님이나 부모님에게 말하지 못하고 혼자 앓고 있는 건 아닌지 확인해볼 필요가 있다. 기관에서 발생한 문제라면 선생님과 상담을 통해 해결해주려는 노력이 필요하다. 무엇보다 아이의 삶에서 가장 중요한 일은 부모의 사랑을 받는 일인데 그것에 위협이 느껴지면 아이의 삶 자체도 흔들린다. 아이는 심리적 불안감으로 인해 식욕을 잃고, 좋아하던 것에도 흥미를 잃게 된다. 신체적인 변화가 갑자기 찾아왔을 때도 마찬가지다. 이가 나거나 성장통이 찾아오면 밥을 잘 먹지 못한다.

아이는 자기에게 찾아온 불편한 감정의 근원을 잘 모른다. 어떻게 해야 해결할 수 있는지도 모른다. 그러니 불편한 감정과 싸우기 위해 자기만의 방식으로 울고, 떼쓰고, 짜증을 내는 것이다. 왜 밥이 먹기 싫은지, 왜 짜증이 나는지, 왜 우울한지 모르고 설령 이유를 안다고 해도 그걸 부모가 납득할 수 있도록 설명하기가 힘들다. 그저 엄마가 먼저 알아주고 안아주고 달래주기를 기다릴 뿐이다. 그렇기 때문에 부모는 아이의 마음을 헤아려주고 이해하기 위해 노력해야 한다. '말하지 않는 속마음을 어떻게 알겠어'라고 생각할 수도 있지만 가장 가까운 부모가 아이의 속마음을 알지 못한다면 세상 그 어디에도 내 아이의 마음을 알아줄 곳은 없다. 그러니 부모인 우리가 해야 하는 것이다.

　아이의 속마음을 알기 위한 가장 좋은 방법은 아이와 많은 시간을 보내며 함께 노는 일이다. 같은 공간에 있지만 따로 노는 것이 아니라 아이와 함께 놀이하고 집중하며 아이의 모든 것을 주의 깊게 관찰해야 한다. 언행이나 표정이 평소와 다르지 않은지 유심히 관찰하다 보면 아이의 속마음에 좀 더 가깝게 다가갈 수 있다. 아이는 엄마가 자신의 마음을 헤아려주기를 기다리고 있다. 엄마가 먼저 알아주고 이해해주고 안아주는 것. 아이가 바라는 건 단지 그것뿐이다. 어렵게 느껴지지만 아이와 진지한 시간을 보내며 관찰하다 보면 그리 어려운 일도 아니다. 엄마이기에 할 수 있고 해야만 한다.

　엄마 자신의 심리상태나 건강에는 문제가 없는지 확인해보는 일도 중요하다. 내가 아이를 대하는 태도에 따라 아이도 달라진다. 엄마가 힘들면 아이도 힘들다. 엄마가 우울하면 아이도 우울하다. 엄마가 입맛이 없으면 아이도 입맛이 없다. 아이는 엄마의 표정을 보며 그 얼굴을 닮아간다. 엄마가 식탁에서 행복한 표정으로 맛있게

식사하는 얼굴을 보며 지내야 아이도 행복하고 맛있게 식사를 할 수
있다.

지금 내 자신이 많이 힘든 상황은 아닌가. 심한 스트레스에 시달리
고 있는 건 아닌가. 식사를 준비해서 아이와 함께 밥을 먹는 일이 즐
겁고 행복한가. 나도 모르게 아이 앞에서 스트레스를 발산하고 있는
건 아니었나. 나를 되돌아보는 시간을 갖자. 내 아이와 나의 건강상
태와 심리상태를 확인해보고 개선해나가려는 노력이 필요하다. 행
복한 얼굴로 식사하는 부모의 모습은 아이에게 행복한 식습관을 만
들어줄 것이다.

내 아이가 밥을
거부하는 법

아이가 안 먹을 때는 무조건 먹으라고 강요하기보다 아이가 안 먹는 방법에 따라 다른 대처를 해주면 도움이 된다. 아이도 때에 따라서 안 먹는 이유가 다르다. 그러니 매 끼니마다 같은 말로 밥 먹기를 강요하는 건 별 도움이 되지 않는다. 상황에 맞게 적절하게 대처를 해주는 연습이 필요하다.

우선 아이를 관찰하며 밥을 어떻게 거부하는지 유심히 살펴보자. 숟가락 자체를 거부하며 고개를 돌릴 때도 있고, 먹더라도 삼키지 않고 입안에 물고 있는 때도 있다. 입안에 넣자마자 바로 뱉어버리는 경우도 있다. 아이가 안 먹는 각각의 상황을 구분하고 그에 맞는 대처를 해주면 좀 더 수월하게 식사를 진행할 수 있다.

지금부터는 까탈이라면 어디 가서도 지지 않는 우리 아이에게 직접 시도했던, 도움이 될 만한 상황별 밥 먹이기 방법에 대해 소개해보겠다. 정답은 없겠지만 다양한 방법을 시도하다 보면 결국에는 내 아이에게 맞는 방법도 찾을 수 있을 것이다.

✪ CASE 1
숟가락을 거부하며 고개를 돌려요

숟가락을 거부한다는 건 '먹는 것 자체가 싫다'는 뜻이다. 엄마 기준에는 지금이 정해진 식사시간인데 아이는 입맛이 없거나 아직 배가 고프지 않은 상태다. 아이가 배가 안 고프다며 거부한다면 식사 전에 간식을 먹은 건 아닌지 확인해보자. 입이 짧은 아이는 간단한 간식만으로도 한 끼의 식사를 걸러도 될 만큼의 포만감을 얻고, 밥을 먹어야 하는 필요성을 느끼지 못한다. 특히 달콤한 간식을 먹었을 경우에는 먹은 양과는 상관없이 식욕이 떨어지게 된다. 몇 번 먹이고자 시도를 했는데도 계속 고개를 돌리고 아예 받아먹을 생각조차 안 하면 그냥 숟가락을 내려놓자. 아직은 밥때가 아니라 생각하고 준비한 밥을 그대로 덮어놓고 아이와 놀며 조금 기다리자. '지금 만든 거라고 해서 꼭 아이가 지금 바로 먹을 필요는 없지' 하며 마음을 다독여야 한다. 대신 밥 때를 기다리는 동안은 그 어떤 간식도 먹여서는 안 된다. 혹시라도 아이가 그 시간에 또 다른 간식을 요구한다면 지금 간식을 먹을 수 없는 이유를 충분히 설명해주고 다른 곳으로 흥미를 끌어라. 간식을 달라고 과하게 떼를 쓴다면 아이가 좋아하는 다른 놀이로 관심을 유도하는 것이 도움이 된다.

✿ CASE 2

밥을 삼키지 않고 입속에 계속 물고 있어요

밥을 받아먹긴 하는데 넘기지 않고 입에 물고만 있는 경우도 있다. 그건 배가 고프기는 한데 입안에 들어온 밥의 식감이나 냄새, 맛 등이 마음에 들지 않는다는 뜻이다. 그렇다면 뱉지 않는 이유는 뭘까? 엄마에게 혼이 나기 때문이거나 뱉으면 또 다른 밥이 들어오니 아이 선에서 방어하고 있는 것이다. 그냥저냥 물고 있을 정도는 된다는 뜻. 반면 지난번에는 잘 먹었던 음식인데, 이번에는 물고만 있는 경우도 있다. 혹시 아이에게 어제 해놓은 밥을 데워주었거나 혹은 아침에 잘 먹었다고 해서 점심에도 같은 음식을 또 준 것이 아닌가? 아무리 맛있는 음식이라도 계속 먹으면 질리는 건 아이도 마찬가지다. 음식을 갓 만들었을 때와 냉장고에 들어갔다 나와서 데워졌을 때 맛이 달라진다는 건 아이들도 알아차린다. 예민한 아이들은 그 맛의 변화를 더 크게 느낀다. 그럴 경우 아이는 엄마가 주는 밥을 받아먹긴 해도 맛있게는 먹지 못하는 것이다.

그럴 때는 억지로 씹으라고 다그치기보다 바로 아이가 좋아할만한 다른 반찬을 곁들여 제공하는 것이 좋다. 아기치즈, 김, 달걀 등 아이가 잘 먹으면서도 간단하게 곁들일 수 있는 것을 선택하자. 먹기 싫은 음식을 입에 넣어주고 억지로 씹으라고 다그치는 일이 아이에게 얼마나 큰 스트레스가 되겠는가. 맛있게 먹으라고 혼내기보다 맛있게 먹을 수 있도록 준비하려는 노력을 잊지 말아야 한다.

✫ CASE 3

자꾸만 뱉어요

입에 넣었다가 바로 뱉는다는 건 도저히 참을 수 없다는 뜻이다. 밥을 먹을 생각은 있지만 그 음식만은 절대 먹고 싶지 않다는 뜻! 그럴 경우 나는 아예 새로운 음식을 주든가 다시 만든다. 혹은 아이가 밥 안에서 먹기 힘들어하거나 냄새가 고약하게 느껴지는 음식이 있는지 물어보고, 그 음식을 골라내는 것을 도와주기도 한다. 그런 다음 다시 먹게끔 유도한다. 그럼에도 먹기 힘든 음식은 뱉을 수 있도록 돕는다. 편식을 고치겠다면서 음식을 골라내주고 뱉도록 해주는 것이 말도 안 되는 일처럼 느껴질지도 모르겠다. 하지만 나는 아이의 편식을 고치기 위한 방법 중에 하나로 '일단 먹고 뱉기' 방법을 선택했다.

아이의 식습관을 바로잡겠다는 방법 중 하나로 아이가 음식을 뱉자마자 혼내며 그 음식을 계속 먹게끔 훈육하는 경우가 있다. 아이가 "맛이 없어서 못 먹겠어"라고 말하는데 "왜 맛이 없어? 얼마나 맛있는데"라고 말하거나 "맛없어도 먹어. 몸에 좋은 거야"라고 받아치며 억지로 먹도록 다그치지는 않았는가? 어른도 맛없는 걸 억지로 먹는 건 괴롭다. 아이들은 더더욱 그렇게 느낄 것이다.

그래서 나는 아이가 너무 먹기 힘들어하는 음식은 뱉을 수 있도록 해주었다. 그러다보니 아이는 처음 보는 음식도 용기를 내어 먹어볼 수 있었다. 입에 넣었는데 정말로 삼키기 힘든 맛이면 엄마가 뱉도록 도와주었기 때문에 큰 문제가 아니었다. 아이는 점차 맛보는 일에 두려움을 없애기 시작했다. 그렇게 용감하게 맛보기 도전을 하는 음식들 중에는 의외로 아이에게 사랑을 받게 된 것들이 많이 있다. '일단 먹고 뱉기'는 아이가 맛의 즐거움을 서서히 알아가는 좋은 계기가 되어주었다. 맛있는 음식을 먹을 때의 즐거움을 알고, 그 음식을 또 먹고 싶어 하기도 했다. 물론 뱉거나 빼놓았던 음식을 영영 포기한 건 아니었다. 일단 음식을 골라내고 나면 아이가 먹기 힘들어 하는 음식이 뭔지, 어떤 조리법을 싫어하는지를 자세히 파악할 수 있게 된다. 그 음식은 아이가 좋아하는 형태로 바꿔서 조리해 재도전할 수 있다.

그러다 보니 안 먹던 음식을 제법 잘 먹게 되기도 하는 기적이 따라와 주었다.

아이에게 스스로 싫은 음식을 골라내거나 뱉어낼 수 있는 자유를 줘보자. 그다음 엄마는 골라놓은 그 음식을 더욱 집중적으로 공략하면 된다.

✩ CASE 4
밥(혹은 반찬)만 먹어요

식판에 밥과 반찬을 골고루 담아 주었더니 반찬은 먹지도 않고 밥만 먹는다. 밥은 쳐다보지도 않고 반찬만 먹는 경우도 있다. 그럼 엄마는 식판식을 계속 해야 하는지 고민에 빠진다. '차라리 한 그릇 식단으로 아이에게 밥과 반찬을 한꺼번에 먹이는 것이 낫지 않을까?' 이런 생각도 한다. 하지만 그럴수록 식판식을 유지하는 것이 좋다. 밥이나 반찬 한 가지만 먹는 아이는 식판에 여러 가지 반찬을 놓고 밥과 번갈아가며 골고루 먹는 훈련이 잘 되어있지 않아서 그렇다. 눈앞에 보이는 한 가지만 다 먹는 방법이 옳다고 생각하는 것이다. 오랜 시간 한 그릇 식단을 먹어온 아이의 경우 이런 성향이 더 강하게 나타난다.

그러니 아이가 한 가지만 먹는다고 한 그릇 식단으로 전향하지 말고 꾸준히 식판식을 유지하자. 대신 식사시간에 밥과 반찬을 함께 먹는 것이 왜 좋은가에 대해 아이와 대화를 나눠보자. 그리고 아이가 밥을 한술 뜨면 엄마가 그 위에 반찬을 하나씩 올려주는 거다. 반대로 엄마가 밥을 뜨면, 아이가 직접 좋아하는 반찬을 하나씩 올려보게 하는 것도 좋다. 놀이처럼 해보자.

아이가 보는 앞에서 밥 위에 반찬을 올린 뒤 동글동글 주먹밥을 만들어주는 것도 좋다. 아이에게 유아용 위생장갑을 끼워주고 직접 만들어보게 한다면 밥과 반찬을 함께 먹는 일에 점점 익숙해질 수 있을 것이다.

평화로운 식사시간을
누릴 수 있을까?

편식 잡는 노하우

엄마 밥도 맛있게 먹을 수 있게 해 줄게

아이가 17개월쯤 되었을 때의 일입니다. 평소에도 밥을 잘 안 먹지만 유독 더 안 먹으려고 하는 날이 있어요. 이날이 바로 그 날이었죠. 아침부터 밥을 완강히 거부했어요. 아이에게 밥 한 끼 먹이겠다고 이것도 했다가 저것도 했다가, 아이가 좋아할 만한 요리를 종류별로 해대느라 애를 먹었어요. 그래도 안 먹기로 작정한 날은 참 안 먹어요. 숟가락만 가져다 대면 매정히 고개를 돌려버려요. 이쯤 되면 제 노력이 억울해서 서러움이 복받쳐요.

이렇게 밥 하나를 두고 끊임없는 실랑이를 하다가 지치면 어느 순간 마음을 내려놓게 돼요. '그래. 먹기 싫으면 그냥 굶어라. 배고프면 먹겠지.' 아이가 너무 안 먹으면 굶기는 것도 방법이라고 했으니까요. '한 끼 굶으면 다음 끼니는 배가 고프니 더 잘 먹겠지.' 배가 고플 텐데 안 먹고 어찌 배기겠어요? 조금은 마음을 단단히 먹고 아이가 밥을 찾을 때까지 기다려보기로 합니다. 밥 앞에서 욱하지 말자고 스스로를 끊임없이 다독이며, "그럼 먹지 마." 결코 세지 않게, 하지만 조금은 단호하게 낮은 목소리로 엄마의 위엄이 느껴지도록 말했어요. 그 순간 아이는 벌떡 일어나더니 빠른 속도로 식탁 의자에서 내려가 버렸죠. 그 한마디를 듣기 위해 긴 시간을 인내한 것처럼 신속하게 행동했지요. 그 모습을 보고 있자니 허탈한 기분이 밀려옵니다. 작은 그릇에 담긴 아이의 음식을 내려다보며 잠시 고민에 빠지죠. '내가 먹을까?', '아니, 남겨둘까?' 그러고 보니 저도 아직 밥을 먹지 못했어요. 깨닫고 나니 배고픔이 한꺼번에 밀려옵니다. 그래도 일단 아이 밥은 남겨두기로 합니다. 안 그러면 점심에 또다시 요리를 해야 하니까.

점심시간이 되었어요. 아이는 몇 시간 동안 미끄럼틀을 뒤집고 소파에 올라가 뛰어내리기도 하며 체력을 불태웠어요. 밥도 안 먹고 무슨 수로 저렇게 노는지 신기할 따름이었죠. '체력을 실컷 썼으니 지금쯤 배가 엄청 고프겠지?' 점심은 허겁지겁 먹겠구나 싶은 기대감에 회심의 미소를 지으며 점심을 준비했습니다.

그런데 또 '안' 먹어요. 점심밥 앞에서 계속 고개만 도리도리 저을 뿐이에요. 도대체 왜? 이 정도 굶고 이만큼 힘을 뺐으면 뭐든 씹어 먹을 수 있을 정도로 배가 고플 텐데, 도대체 제 아이는 왜 배도 고프지 않고 밥도 찾지 않는 걸까요? 이제는 화도 나지 않아요. 그리고 슬슬 고민이 시작됩니다. 한 끼는 자신 있게 굶길 수 있는데, 어쩐지 두 끼까지는 자신이 없으니 말이죠. 마음이 흐트러지는 소리가 들려요. 야심 찬 계획이 이대로 무너지려는 찰나에 문득 정신이 번쩍 들고 이내 마음을 단단히 먹기로 합니다. 밥 굶기기를 한 끼 더 도전해보기로 한 거죠. 그러니까 아이는 점심까지 총 두 끼를 굶는 거예요. 하루에 두 번이나 "그럼 먹지 마"라는 말을 했어요. 그 와중에도 '내가 이래도 되나', '내가 정말 잘 하고 있는 건가' 하는 생각에 불안해졌어요. 아이는 제 마음을 아는지 모르는지 얼굴에 함박웃음을 띠우며 와다닥 달려가 버리네요.

아이와 함께 두 번째 놀이시간이 시작됩니다. 두 끼를 굶은 아이라고 상상할 수 없을 정도로 과하게 팔팔하네요. 간식도 모유도 모두 중단했고, 아이에게도 '네가 밥을 먹지 않았으니 모유도 먹을 수 없다'고 설득했어요. 그럼에도 밥을 먹기 싫은지 쉽게 받아들입니다. '저렇게 놀려면 체력이 많이 필요할 텐데 종일 밥도 안 먹은 아이가 무슨 힘이 있어서 저렇게 노는 걸까?' 독한 마음이고 뭐고 뭐라도 입에 넣어줘야겠다는 생각이 밀려옵니다. 아이가 밥을 안 먹는 건 엄마에게 더 버티기 힘든 일이에요. 조금 이른 저녁을 다시 준비하기 시작합니다.

'이제는 정말 먹겠지.' 하루 종일 온화한 상태를 유지하기 위해 얼마나 노력했던 지…. 그 노력을 조금이라도 알아준다면 아이는 세 번째로 준비한 엄마의 밥을 달게 먹어야 마땅했습니다.

하지만 아이는 이번에도 먹지 않았어요. 이로써 하루 세끼를 모두 거부한 것이죠. 그쯤 되니 눈물이 날 것만 같았고 속이 쓰렸어요. 그제야 저 역시 종일 밥을 안 먹었다는 사실이 떠올랐죠. 기운이 달리니 밥 먹을 기운도 나지 않아요. '따뜻한 밥이 다 뭔가' 온통 부질없게 느껴져 컵라면을 따서 물을 부었어요. 멍한 표정으로 라면을 먹기 시작하는데 아이가 쳐다보며 관심을 보이기 시작해요. 기웃기웃, 엄마가 무얼 먹는지 구경하려고 해요. '놀다가 라면 냄새를 맡고 온 걸까?' 모른 척하며 라면을 후루룩 빨아들인 순간 그런 생각이 들었어요. '혹시 라면은 먹지 않을까?'

라면을 한 번도 맛보지 못한 아이였어요. 마침 맵지 않은 라면이어서 물에 헹궈 몇 가닥을 줘보니 아이가 달게 먹기 시작해요. 함박웃음을 지으며 '음!' 하고 감탄사를 내뱉더니 박수까지 쳐요. 이 라면 하나를 먹기 위해 온종일 그렇게 굶었던 걸까요? 세상 다 가진 표정을 하고 라면을 먹는 아이를 보고 있자니 기가 막혀요. 순간 맥이 빠지고 다리가 풀려 바닥에 주저앉았어요. 그리고 엉뚱하게도 눈물이 쏟아졌어요. 하루 종일 제가 들인 노력이 모두 하찮은 것처럼 느껴졌기 때문이죠.

그날 이후로 깨달은 두 가지가 있어요. 한 가지는 제 아이는 굶긴다고 잘 먹는 아이가 아니라는 것이에요. 입이 짧고 배가 잘 고프지 않은 체질이라서 굶기면 오히려 환영하죠. 두 번째는 그렇지만 내 아이는 결코 안 먹는 아이가 아니라는 거예요. 자기 입에 맛있다고 느껴지면 잘 먹어요. 다만 입맛이 예민해 맛있다고 느끼는 기준이 남들보다 조금 까다롭고, 자기 입맛에 맛있게 느껴지는 음식을 많이 만나지 못한 것 뿐이에요. 그러니까 맛있는 음식에 대한 자기만의 기준이 명확한 아이란 거죠.

아이가 라면을 달게 먹는 걸 보며 전 엄마 음식도 맛있다고 느낄 수 있도록 해주겠다는 결심을 했어요. 어떻게든 제가 만든 음식으로 아이의 입맛을 사로잡겠다고 다짐했죠. 세상에 맛있는 음식이 참 많다는 것도 알려주고 싶었어요. 입이 짧고 예민한 입맛을 가진 아이와 요리를 잘 못하는 초보 엄마가 이 상황을 어떻게 헤쳐 나가야 할지 아직은 깜깜하지만요. 결코 쉽지 않은 일이라는 걸 알기에 각오를 단단히 해야 했어요. 종일 좌절감으로 휩싸였던 마음에 희미하게나마 길이 보이는 것 같아요.

다음날부터 제 자신과의 밥상 전쟁을 선포했어요. 아이와 전쟁을 하겠다는 마음을 버리고 제 자신과 전쟁을 시작하려는 거예요. 그렇게 우리 아이를 건강하게 잘 먹이기 위한 긴 여정이 시작되었습니다.

외식 & 간식은 이제 그만!

나는 아이의 입맛을 잡기 위해 인스턴트, 냉동식품, 가공식품 등을 모두 차단했다. 햄, 소시지, 참치 등은 6살이 된 지금까지도 반찬으로 주지 않는다. 마트에서 파는 과자나 주스 등의 군것질거리도 제한해왔다. 유치원에 다니면서 자연스럽게 과자 같은 군것질에 노출될 텐데 어쩐 일인지 아이는 그런 것들에 크게 집착이 없다. 우리 가족은 아이의 편식을 잡기 위해 한동안 외식도 하지 않았다. 나들이를 갈 때는 도시락을 싸가지고 다녔다. 급할 때는 아이 도시락만 준비하고, 우리 부부는 김밥을 사서 아이의 낮잠 시간이나 차에서 틈틈이 하나씩 먹는 거로 배를 채웠다. 우리의 작전은 나름 치밀했고 철저했다. 나들이를 포기하지는 않았지만 외식에는 최대한 노출되지 않도록 노력했다.

어릴 때부터 외식과 인스턴트에 길들여진 아이에게는 엄마 밥이 밍밍하고 맛없게 느껴진다. 아이가 너무 밥을 안 먹으니까 햄이나 튀김 종류의 냉동식품 등을 밥 위에 얹어주며 그렇게라도 한 끼를 먹여야겠다고 생각할 수도 있다. 하지만 그런 식단은 아이가 한 번 밥을 먹게 도와줄 수는 있어도 다음 끼니는 엄마 밥과 더 멀어지게 만든다. 당장 편한 걸 선택하기보다는 조금 돌아가는 방법을 선택하는 것이 아이의 식습관을 바로잡는 데 도움이 된다.

과일, 우유, 고구마, 견과류, 치즈 등 포만감을 주는 간식 또한 모두 중단했다. 이 간식은 아이들의 건강을 위해 챙겨 먹일 수 있는 것들이지만 입이 짧은 아이에게는 한 끼의 식사를 대신할 수 있는 음식이기도 하다. 입이 짧은 아이는 바나나 한 개만 먹어도 포만감이 들어 밥을 챙겨 먹어야 하는 이유를 느끼지 못한다. 특히 당도가 높은 과일이라면 더욱 그렇다. 배를 부르게 하고 밥맛을 잃게 한다. 엄마는 바나나 한 개만 먹고 밥을 안 먹는 아이가 걱정되고 답답하다. 아이는 이미 배가 부른데 또 밥을 주는 엄마가 이상하다. 이렇듯 아이와 엄마의 밥 개념은 다르다. 대신 간식으로 먹던 식재료를 반찬으로 만들어 식사시간에 줬다. 고구마를 조려서 고구마조림을 하고, 감자에 치즈와 우유를 넣어 감자치즈조림을 하는 등…. 만약 간식이 필요한 경우엔 간식도 밥으로 했다. 주먹밥, 밥전 등 핑거푸드를 만들어 놀이시간에 옆에 놓고 하나씩 집어먹게 했다.

밥과 반찬으로 영양가 있는 식사를 해야 아이의 신체와 두뇌발달이 잘 이루어지는데, 영양가가 없는 군것질로 배를 채우면 아이에게 영양 결핍이 오고 비만이 생긴다. 당분간은 집밥과 물 외에는 아이에게 그 어떤 것도 일절 제공하지 않겠다고 스스로 다짐하자.

그렇게 바깥 음식을 차단하고 집밥만을 해먹이니 언젠가부터 아이의 입맛이 엄마 음식으로 돌아오기 시작했다. 한동안 중단했던 간식은 아이가 밥을 잘 먹고 자신만의 식사 패턴을 찾아가기 시작하면서 다시 시작했다. 지금은 세끼의 식사와 중간중간 두 번의 간식을 먹는다. 요즘 아이는 바깥 음식을 잘 먹지 않고 엄마 밥만 찾는다. 같은 음식도 밖에서 사 먹이면 잘 먹지 않는데, 집에서 만들어주면 잘 먹는다. 언제나 엄마 음식이 최고라며 엄지손가락을 세우고 칭찬을 해줄 때면 무척 감격스럽다.

밥을 너무 안 먹는다면 당분간은 간식을 모두 중단해보자. 기본적인 식사조차 제대로 이뤄지지 않는 상황에서 간식을 먹이겠다는 건 아이를 점점 더 밥에서 멀어지게 하겠다는 것과 같다. 당분간은 식사에 더욱 집중시키자. 간식은 그 후에 아이가 밥을 잘 먹게 되면 그때 다시 시작하면 된다.

냉장고를 정리하자!

아이의 입맛을 엄마표로 사로잡기 위해서는 냉장고 정리가 시급하다. 더 이상 미루지 말고 지금 바로 하는 것이 좋다. 일단 과일과 유제품을 없애자. 과일과 유제품은 입이 짧은 아이에게 적당한 포만감을 줘 끼니를 거르게 하기 딱 좋다. 인스턴트나 달콤한 군것질에 비해 엄마 스스로도 안심이 되게 하는 간식이라 더 주의해야 할 대상이기도 하다.

냉동식품, 즉석식품, 가공식품(햄, 소시지, 어묵, 참치 등) 등도 싹 비우자. 냉동식품과 가공식품이 냉장고 안에 남아있는 한 우리 아이의 편식은 나아질 리 없다.

온갖 소스(케첩, 마요네즈, 굴소스, 머스터드 등) 역시 모두 치워야 한다. 요리할 때 시판 소스는 일절 사용하지 않고, 재료 본연의 맛에 익숙해지게끔 노력하자. '아까우니까 나중에 내가 먹지 뭐' 하는 마음으로 그냥 두지 말고 과감하게 정리해야 한다. 이것들이 냉장고에 머무는 시간이 길수록 아이의 식생활 개선이 늦어진다고 생각하면 된다. 장 볼 때도 장바구니에 담지 않도록 주의하자.

지금부터는 냉장고를 순수한 식재료로만 채운다. 채소, 달걀, 고기, 두부, 생선, 견과류 등의 식재료는 떨어지지 않도록 하자. 대신 대량으로 구매하지 말고 조금씩 구입하는 것이 좋다. 특히 고기는 신선도를 위해 소량씩 구입하여 그때그때 소진하자. 맛있는 요리는 신선한 재료에서부터 시작된다. 입맛이 까다로운 아이들은 식재료에서 나는 냄새 때문에 먹지 못하는 경우가 많기 때문에 신선도가 높은 재료 사용이 매우 중요하다. 재료가 신선하면 특별한 양념이나 소스를 사용하지 않아도 요리가 절로 맛있어진다.

냉장고 정리는 쉬운 일은 아니다. 의욕만 가지고 되는 일이 아니기 때문이다. 꾸준한 노력과 인내심이 아니라면 지속하기 어렵다. 또 나만 잘 한다고 되는 일도 아니다. 우리 집 역시 주변의 개입 때문에 일이 틀어지는 경우가 많았다. 가장 가까운 적은 내부에 있었다. 바로 남편이었다. 편식이 심하고 군것질을 좋아하는 남편이 자신의 식습관을 계속 고집했다면 아이의 식습관도 바뀌지 않았을 것이다.

집에 자주 놀러 오던 친정 식구들도 문제였다. 그 무렵에 살던 곳이 친정과 가까운 곳이라 친정 부모님과 여동생이 아이를 보러 종종 놀러 오곤 했는데 늘 빈손으로 오지 않았다. 뭐라도 꼭 사 들고 오는데 대부분 마트에서 파는 달달한 군것질거리나 빵, 케이크 등이었다. 절대 안 된다고 막으니 그다음부터는 과일을 사와 냉장고에 채워두기 시작했다. 과일 역시 차단 대상이었기 때문에 막아야만 했다. 과일은 건강에 좋은 건데 왜 아이에게 안 먹이냐고 따지듯 말하는 가족들을 상대하다 보니 아군인지 적군인지 구분이 되지 않아 속이 상했다. 아이에게 맛있는 걸 사주고 싶은 가족들의 마음은 알지만 그보다는 아이의 식습관을 바로잡아 주는 것이 더 중요한 일이기에 결심을 굽히지 않았다. 단 한 쪽의 과일과도 협상하지 않았다. 그리고 가족들에게 선포했다. 아이를 보고 싶으면 집에 올 때 '무조건 빈손'으로 올 것! 가족들은 처음에 내 말에 섭섭함을 표했다. 서로 긴 대화를 나눈 끝에야 이것이 아이를 위하는 일이라는 걸 받아들여 주기 시작했다. 이후로는 정말 빈손으로 우리 집에 드나들었다. 가족들이 너무 대놓고 빈손으로 드나드니 이상하게 그때부터 내가 섭섭한 마음이 들기 시작했다. 그래도 내색하지 않고 꾹 참은 건 지금도 잘한 일이라고 생각한다.

아이를 위해 바꾸기 시작한 식습관이 지금은 우리 부부의 입맛도 바꿔 아이와 함께 건강한 자연식, 저염식 식사를 즐긴다. 냉장고 정리를 한 후 불필요하게 식재료를 채우는 일도 없어지고, 꼭 필요한 것만 알뜰하게 장 보는 법도 알게 되었다. 아이의 입맛을 변화시키기 위한 노력들은 이렇게 우리 부부에게도 큰 변화를 가져왔다.

매일 다른 재료로
색다른 요리에 도전하자!

아이가 처음에 먹을 수 있는 음식은 몇 가지 안 되었다. 생선, 두부, 김, 감자볶음 정도였다. 그마저도 몇 술 뜨고 나면 배부르다며 먹지 않으려고 했다. 고기도 안 먹고 달걀도 안 먹으니 영양 결핍이 걱정되었다. 그렇지만 아이가 잘 먹는 몇 가지 음식을 포기할 순 없었다. 그거라도 있어야 밥을 먹기 때문이다. 아이는 점점 더 자기가 먹는 몇 가지 음식에서 벗어나질 못했다. 이런 패턴을 계속 유지하면 안 될 거 같아 결단을 내렸다. 아이가 잘 먹는 음식을 잠시 거두고 지금부터는 안 먹는 음식을 매일 요리하기로!

매일 새로운 식재료를 하나씩 선택해서 새로운 조리법으로 요리했다. 그야말로 '시도'다. 매일 아이를 데리고 나가 장을 봤다. 식재료는 하루 1~2가지만 구입했다. 가지 1개, 오이 1개, 소고기 100g 이런 식이었다. 구입한 식재료는 그날 요리해서 끝내는데, 이런 조합도 해보고 저런 조합도 해보며 아이에게 매일 새로운 요리를 먹여보았다. 이 과정에서 나만의 창의적인 요리도 많이 탄생했다. 아이는 새로운 음식을 접할 때마다 한두 번 먹고 안 먹는 일이 많았고, 나머지는 다 내 배 속으로 들어갔다. 그런 일이 반복되었지만 멈추지 않고 다양한 요리를 하며 내 아이의 반응을 관찰했다.

아이가 어떤 식감을 좋아하는지, 어떤 재료와 색을 좋아하는지, 튀기고 굽고 삶고 으깨고 끓이는 것 중 어떤 조리법을 더 좋아하는지, 어떤 재료와 어떤 재료들이 궁합이 맞고 내 아이가 잘 먹는지를 매일 연구하며 다양한 시도를 거듭했다. 감자 하나를 가지고도 채 썰어 볶기, 치즈 올려 굽기, 삶고 으깨서 샐러드 만들기, 간장에 조리기, 우유와 치즈에 조리기, 채 썰어서 채소 넣고 튀기기, 넓게 썰어서 튀기기, 갈아서 전 부치기, 갈아서 수프 끓이기 등 다양한 조리법을 시도해볼 수 있었다. 여기에 새로운 재료를 한두 가지 더하면 색다른 요리가 탄생한다. 처음에는 막막했는데 막상 해보니 변화의 방법은 수없이 많았다.

아이가 먹지 않던 재료를 좋아하는 것과 함께 조리해주기도 했다. 가지나물을 안 먹기에 가지를 잘게 자르고 간장양념에 재운 소고기와 함께 볶아주니 잘 먹었다. 또 가지 사이에 소고기 다짐육을 넣고 튀겼더니 그것도 좋아했다. 가지를 다양한 식감과 모양으로 변화시켜 꾸준히 먹였더니 나중에는 순수한 가지나물도 거부감 없이 잘 먹게 되었다. 곁에서 아이의 변화를 살피며 나 스스로도 놀라는 일이 많았다.

매일 색다른 레시피를 연구하는 과정은 아이에게 생각 이상으로 다양한 맛을 경험하게 했다. 그 안에서 아이는 맛있는 음식을 먹는 즐거움을 알아갔다. 자연스럽게 편식하는 습관도 사라졌고, 점점 엄마가 만들어준 새로운 음식에 관심을 보이기 시작했다.

내 아이를 위한 레시피를 개발할 때 특히 효과가 있었던 방법은 아이가 좋아하는 재료에 안 먹는 식재료를 하나만 섞는 것이다. 예를 들어 소고기는 좋아하는데 오이를 먹지 않는다면 소고기를 간장양념에 재운 뒤 작게 자른 오이와 함께 볶는 방법이 있다. 그러면 소고기 양념 맛에 묻혀 오이의 맛은 잘 느껴지지 않는다. 게다가 오이는 볶으면 물러져서 식감이 변해 아이들이 잘 알아차리지 못하고 먹게 된다. 달걀은 좋아하는데 파프리카를 먹지 않는 경우엔 어떻게 할까? 달걀찜을 할 때 파프리카를 잘게 다져 조금씩 섞어 넣어주면 된다. 우유를 첨가해 부드러운 식감을 더해주고 새우젓으로 간을 하면 채소의 맛은 잘 느끼지 못한다. 정리하자면 좋아하는 재료에 싫어하는 재료를 티 안 나게 소량만 섞는 방법으로 맛과 식감을 변형시켜 아이가 먹을 수 있게 만들어 주면 점차 그 재료에 대한 거부감을 줄여나 갈 수 있다.

이때 중요한 건 욕심을 내서는 안 된다는 것이다. 아이가 싫어하는 음식을 섞을 때는 하나씩만 선택하고 소량만 넣어 아이가 맛의 변화를 느끼지 못하도록 해야 한다. 그렇게 아이가 거부감 없이 먹기 시작하면 싫어하는 음식의 양을 점차 늘려도 된다.

맛을 감추는 방법도 있다. 나물을 먹지 않으려고 하는 아이에게는 나물무침을 할 때 들깻가루, 고소한 참기름, 깨소금, 으깬 호두나 잣 등을 듬뿍 넣어 고소한 맛을 더욱 높여주자. 나물 본연의 맛보다는 고소한 맛에 반해 나물을 맛있게 먹는 데 도움이 된다. 간은 소금보다는 간장, 젓갈, 된장 등으로 하는 게 좋다.

재료를 통째로 내주는 방법도 있다. 아무리 다지고 숨겨도 먹지 않는다면 오히려 덩어리째 보이도록 조리하는 방법을 써보자. 브로콜리를 먹지 않는 아이에게 큼직하게 잘라 통으로 데쳐서 올려주면 브로콜리의 생김새를 관찰하기도 좋고 직접 뜯어먹는 재미를 느끼게 할 수도 있다. 호박, 파프리카, 당근 등은 넓게 썰어서 팬에 구워주자. 채소를 구우면 고소해지고 단맛이 돈다. 고기를 작게 다져도 뱉어낸다면 안심 같은 부드러운 부위를 통째로 구워서 주자. 아이에게 재료 본연의 색과 모양, 맛에 지속적으로 노출되게 해줌으로써 음식을 관찰하고 맛보는 재미를 느끼게 해주는 거다.

아이들도 맛을 안다. 무조건 밥이 먹기 싫은 게 아니라 자기 기준에 맛이 없는 음식이 먹기 싫은 것이다. 그건 즉, 맛있게 느껴지는 음식들은 잘 먹는다는 얘기다. 그렇다면 엄마가 해야 할 일은 아이 입맛에 맛있는 음식들을 만들어 최대한 많이 맛보게 해주는 것이다. 그 맛있는 음식의 기준을 집밥으로 맞춰주는 것이 중요하다.

유아식판식을 해요~

아이의 편식을 고치기 위해 선택한 대안 중 하나가 '식판식'이다. 매일 새로운 음식을 준비할 때마다 다양한 식판도 함께 준비했다. 귀여운 유아용 식판을 알록달록한 색감의 반찬으로 채워주면 아이는 식판을 감싸 안고 자기 밥이라며 좋아했다. 그때부터 아이는 밥 먹자고 부르면 식탁으로 달려와 자기 식판부터 쓱 훑어본다. 관심이 갈만한 식사면 '오!' 하고 놀라는 표정으로 바로 식탁에 앉고, 식사가 조금 부실해 보이는 날에는 그냥 쓱 구경만 하고 지나가버린다. 이건 즉 맛이 아닌 시각적인 자극만으로도 아이를 식탁에 앉게 할 수도, 멀어지게 할 수도 있다는 거다. 그 후에는 아이와 함께 마트에 가서 식판과 그릇을 직접 고르게 했다. 캐릭터가 그려진 식판을 고를 때도 있고, 빨간색 미키마우스 밥그릇을 고를 때도 있었다. 그렇게 하나, 둘 고르다 보니 집에는 꽤 많은 종류의 식판이 모이게 되었다. 덕분에 아이는 식사 때마다 사용하고 싶은 식판을 직접 고르는 등 능동적으로 참여해주었다. 그리고 그런 날은 특히 자신의 밥에 더 애착을 보였다.

편식이 심하고 밥을 잘 안 먹는 아이라면 식판식이 좋다. 아이가 먹는 양을 한눈에 파악할 수 있고, 다양한 음식을 골고루 먹일 수 있기 때문이다. 아이가 식판 안에 담긴 여러 가지 반찬들을 눈으로 본 뒤 먹고 싶은 걸 선택하게 하는 재미도 있다. 엄마 스스로도 부지런해지게 된다. 칸을 채워주기 위해 반찬 하나라도 더 준비하게 되니 말이다. 특히 시각에 민감한 아이라면 예쁜 식기를 적극 활용하길 바란다. 예쁜 걸 좋아하는 아이는 식사도 예쁘게 차려진 걸 좋아하는데, 평소 아이가 좋아하는 색이나 디자인, 캐릭터가 그려진 식판, 물컵, 숟가락, 포크 등을 준비하고, 색감을 신경 쓴 밥을 담아주면 아이는 자기 밥에

더 큰 관심을 보일 것이다. 아이가 좋아하는 그릇이라고 해도 매일 같은 거로 주면 금방 싫증을 느끼니 수시로 변화를 주자. 국을 담을 수 있는 5칸용 식판, 간단하게 반찬 2가지만 담을 수 있는 식판, 간식용 식판 등 적어도 3~4개 정도는 준비할 것을 권한다.

마트에 가면 채소 코너에서 아이에게 마음에 드는 채소를 하나만 골라달라고 하자. 당근도 좋고 오이도 좋다. 뭐라도 한 가지 고르면 아이의 선택을 칭찬해주고, 그 재료로 그날 바로 요리를 해주자. 아이가 고른 재료가 어떻게 변해 가는지 만드는 과정을 보여주는 거다. 아이가 요리에 참여할 수 있다면 더 좋다. 아이는 자신이 고른 재료의 맛과 색상, 냄새가 변화하는 과정을 관찰하면서 채소에 대한 거부감을 줄여나갈 수 있다. "이거 아까 준이가 장 본 거지? 그게 이렇게 맛있는 요리가 됐어. 엄마도 준이 덕분에 맛있게 먹을 수 있어서 좋다"라며 아이의 공을 듬뿍 칭찬해주면 더 좋다. 아이도 자부심을 느끼며 자신의 식사에 애착을 가질 것이다. 보기 좋은 음식이 먹기도 좋은 건 아이들에게도 마찬가지다. 정성껏 예쁘게 만든 밥 한 끼로 아이의 마음을 사로잡아보자.

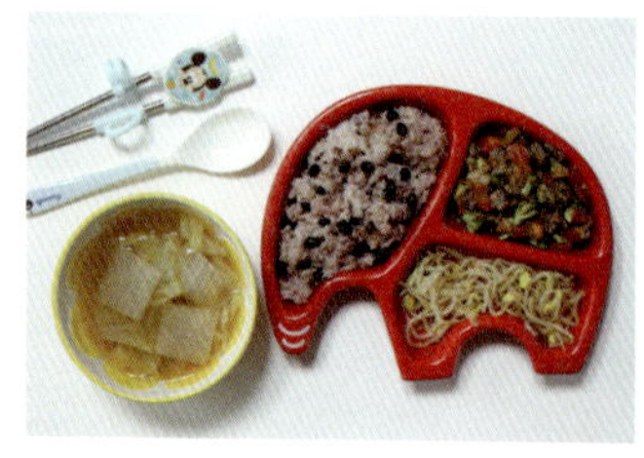

안 먹는 재료,
하루 한 번 구경시켜주기!

그 어떤 방법을 써도 절대 먹지 않는 음식들이 있다. 아이는 미각과 후각이 예민해 힘겹게 감추고 변화시킨 맛을 귀신같이 찾아낸다. 그럴 때는 어떻게 해야 할까? 그냥 포기하고 안 먹이면 될까? 아니다. 아이의 미래를 생각한다면 쉽게 포기해선 안 된다. 좋은 방법은 싫어하는 음식에 대한 거부감을 천천히 조금씩 없애주는 것이다. 도저히 못 먹겠다는 음식을 억지로 먹으라고 다그치는 건 그 음식에 대한 나쁜 기억만 안겨주는 셈이다. 처음부터 잘 먹길 바라는 마음은 내려놓고, 너무 싫지 않은 상태를 유지하며 천천히 가보자.

내가 선택한 방법은 '안 먹는 음식 하루 한 번 구경하기'다. 먹지 않더라도 눈으로 보며 모양과 색에 친숙해지게 하고, 냄새를 맡아보게 하는 등 지속적으로 노출시켜주는 것이다. 거부감을 없애는 데 익숙함만큼 좋은 방법은 없다. 자주 구경하다 보면 그 향에 익숙해지고 그것이 나쁜 게 아니라는 걸 알게 된다.

지금 내 아이는 거의 모든 종류의 나물을 먹는다. 수년 동안 다양한 종류의 나물을 매일 요리해온 결과다. 나물과 친하지 않았을 때 아이는 맛보고 구경하고 젓가락으로 찔러보는 행동을 오래 반복했다. 안 먹어도 상관없었다. 먹든 안 먹든 개의치 않고 계속 새로운 종류의 나물을 소량씩 구입해서 한 번 먹을 만큼만 요리했다. 내일은 또 새로운 나물요리를 해봐야 하기 때문이다. 아이는 나물반찬을 밀어내지 않고 관찰하는 것만으로도 큰일을 하는 거였다.

식판 한 칸은 무조건 '도전의 칸'으로 정했다. 아이가 절대로 먹지 않는 반찬을 올리는 칸이다. 산나물, 마늘종, 미나리무침, 연근조림, 우엉 등 아이의 거부가 심한 반찬들을 올렸다. 처음에 아이는 그쪽에는 젓가락도 대지 않았다. "나 이거 안 먹는데 왜 줬어?"라고 따지기도 했다. 그럴 때마다 나는 너그럽게 말했다. "어, 식판 칸이 남아서 준 거야. 먹기 싫으면 그냥 구경만 해도 돼." 아이는 정말 구경만 하고 끝냈다. 나도 괜찮았다. 어차피 구경하라고 올린 반찬이니까. 대신 엄마와 아빠는 옆에서 그 나물을 아주 달게 먹었다. 큰 소리로 맛있다고 말하며 밝게 웃었다. 나물을 열심히 먹었더니 키도 커지고, 힘도 세지더라는 이야기도 계속해주었다. 특히 아빠의 역할이 컸는데, 아빠가 힘이 아주 센 이유가 사실은 나물을 잘 먹었기 때문이라는 걸 강조했다. "우리 준이도 이거 잘 먹으면 아빠처럼 키도 커지고 힘도 엄청 세질 텐데…."

그렇게 오랜 시간 다양한 나물들을 구경시켜 주었더니 어느 날 아이가 갑자기 나물반찬에 젓가락을 갖다 대었다. 스스로 큰 용기를 내려는 찰나다. 나물을 집어 올리더니 "내가 용기를 한 번 내볼게. 아주 조금만 먹어 볼 거야" 하는 것이 아닌가. 그리고 정말 나물을 집어 살짝 맛보았다. 우리는 눈을 동그랗게 뜨고 아이를 지켜보았다. 아이는 한 입 먹어보더니 고개를 젓는다. "이제는 못 먹겠어." 들고 있던 나물을 내려놓았다. 우리 부부는 아이에게 큰 박수를 쳐주었다. 대단하다고, 정말 용감하다고, 어떻게 그런 용기가 나왔냐며 마구마구 칭찬해주었다. 아이는 나머지는 다 먹지 못하겠다고 말했지만 우리 부부는 "괜찮아. 그래도 용기 내서 씩씩하게 맛을 봤잖아. 정말 대단해!" 하고 칭찬을 멈추지 않았다.

그 후로도 식판 한 칸은 꼭 아이가 먹지 않는 나물들로 채웠다. 점차 아이가 용기를 내 맛보는 횟수가 늘었고, 어떤 것은 먹다가 뱉기도 했다. 이것들을 작게 잘라서 밥 속에 숨겨 달라는 제안을 하기도 했다. 눈에 안 보이면 먹기가 좀 더 쉬울 거 같단다. 그렇게 해주었더니 꽤 잘 먹기 시작했고, 어느 순간부터는 젓가락으로 나물을 듬뿍 집어 입에 가득 넣고 먹기 시작했다. 서서히 변해가는 아이의 모습을 보며 신기하고 감사했다. 지금 아이가 제일 잘 먹는 나물은 콩나물, 시금치, 쑥갓, 가지, 숙주 등이고 산나물이나 말린 나물도 곧잘 먹는다.

아이가 먹기 싫다고 하면 '그래'라고 인정하는 태도가 필요하다. 아이들에게도 먹기 싫은 걸 먹지 않을 권리가 있기 때문이다. 식판 안에서 음식 선택의 주도권은 아이에게 있어야 스트레스 받지 않고 즐거운 식사를 할 수 있다. 단, 식단의 주도권은 철저하게 엄마가 잡아야 한다. 아이가 싫어한다고 해서 식단에서 그 음식을 빼버리면 편식을 고칠 기회마저 사라지고 만다. 아이가 먹기 싫다고 하면 그냥 이해하고 인정하자. 하지만 다음에 그 음식을 또 준비해줘야 한다.

식판을 아이가 잘 먹는 음식으로만 채울 것이 아니라 아이가 먹었으면 하는 건강한 식단으로 채우자. 대신 그 안에서 먹고 싶은 음식을 선택하는 건 온전히 아이의 몫이다. '싫어하는 음식 매일 구경하기'를 반복하다 보면 강한 거부감도 어느 순간 익숙함으로 바뀌어 있을 것이다.

오감놀이 & 요리놀이를 해요!

아이는 엄마와 모든 걸 함께하고 싶어 했다. 조금 더 크니 엄마가 하는 건 다 자기도 하겠다고 나섰다. 그중에서도 특히 주방에 많은 관심을 보였다. 싱크대를 열어서 냄비며 그릇을 죄다 꺼내는 저지레로 시작하더니 위에 올라가 양념통을 다 꺼내고, 설거지도 하고, 온갖 식재료들도 마음껏 탐험했다. 엄마의 주방은 아이에게 좋은 놀이터가 되어주었다.

나는 아이의 이런 관심을 편식을 고치는 데 활용해보면 어떨까 생각했다. 요리의 모든 과정에 아이를 참여시키고 가능한 범위 내에서 마음껏 해보도록 두었다. 식재료를 활용한 '오감놀이'인 것이다. 처음

 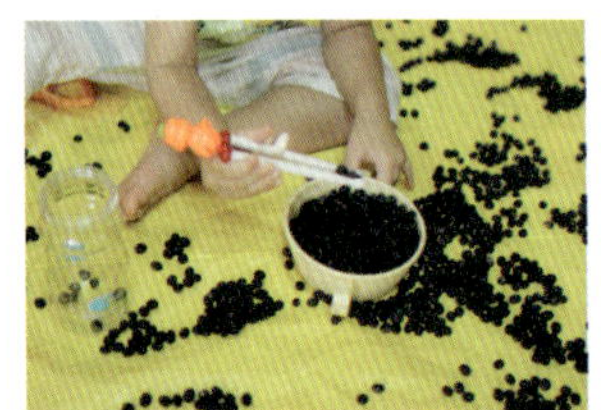

오감놀이를 시작한 건 14개월 무렵이었다. 밥을 하기 위해 쌀을 씻는데 아이가 계속 관심을 갖기에 건네주었다. 쌀이 우리를 건강하게 해주는 맛있는 밥이 된다는 걸 아이에게 설명해주며 쌀을 만지고 놀도록 해주었다. 아이는 신이 나서 쌀을 탐색했다.

그걸 시작으로 본격적인 오감놀이를 즐겼다. 밀가루, 쌀, 콩, 두부, 국수, 미역, 채소 등 쉽게 접할 수 있는 재료들을 사용했다. 오감놀이가 끝난 후에는 그날 저녁식사에 그 재료들을 이용했다. 아이는 자신이 재밌게 가지고 놀던 식재료를 밥상에서 다시 만나자 신기해하고 반가워했다. 마지막으로는 아이가 오감놀이를 했던 식재료와 관련된 책을 읽는 것으로 마무리했다. 그렇게 아이는 식탁에서 만난 다양한 식재료들과 점점 친해지는 기회를 만들어갔다.

지금부터 소개할 내용은 부엌에서 아이와 함께 할 수 있는 요리 활동들이다. 실제로 아이와 함께 해온 요리들이고, 이 활동을 통해 편식도 많이 나아졌다. 이 중에서 쉬운 요리들부터 천천히 시작해보고, 익숙해지면 점점 어려운 요리에도 도전해보길 바란다.

요리 준비 단계

1. 쌀 씻기

볼 안에 쌀과 물을 조금씩 담아준 뒤 조물거릴 수 있도록 준비해주세요. 아이가 어리면 바닥에 놀이매트나 비닐을 깔고 그 위에서 놀게 하면 돼요. 큰 아이라면 쌀을 잘 씻는 방법을 구체적으로 가르쳐주면 좋고요. 함께 쌀을 씻으며 농사의 과정과 농사짓는 분들에 대한 이야기를 나눠보세요. 저희는 시부모님께서 직접 농사지은 쌀을 집으로 보내주시곤 하는데, 아이와 함께 우리가 맛있게 먹고 건강해지길 바라며 힘들게 일하시는 할머니, 할아버지에 대한 감사함을 이야기하곤 합니다. 그 과정에서 아이도 쌀의 소중함을 자연스럽게 배워가고 있어요. 그래서인지 요즘은 밥을 남기지 않으려고 노력하고 있는 듯해요.

2. 재료 손질하기

멸치 내장 제거, 다시마 자르고 씻기, 콩 물에 넣고 불리기, 나물 다듬기, 삶은 메추리알 까기, 미역 불리기 등 다양한 재료들을 손질하는 건 어렵지 않아요. 아이와 함께하기 딱 좋은 단계랍니다. 아이가 어리면 각종 재료를 만지작거리는 과정에서 오감놀이 효과를 얻을 수도 있어요. 대화가 가

능한 나이라면 아이에게 재료를 손질하는 법을 구체적으로 일러준 뒤 함께 앉아 해보는 것도 좋아요. 아이는 엄마의 행동을 보면서 서툴지만 요령껏 잘 따라 할 수 있답니다.

주의해야 할 점은 설령 아이 손이 어설프더라도 타박하거나 혼내서는 안 된다는 거예요. 아이는 아이니까 서툴 수밖에 없어요. 아이가 한 그대로를 인정해주고 칭찬해주는 자세가 필요합니다.

3. 재료 썰기

두부, 버섯, 호박, 가지, 오이, 바나나 같은 재료들은 부드러워서 큰 힘을 들이지 않고도 잘 썰려요. 아이들이 사용할 칼로는 빵집에서 주는 케이크용 칼이 적합해요. 안전하면서도 생각보다 잘 썰리거든요. 그래도 칼이니까 조심은 필수! 칼질을 할 때는 엄마가 옆에서 꼭 지켜봐 주세요.

부드러운 재료 썰기부터 시작해 제법 칼질이 능숙해졌을 무렵에는 채칼로 당근을 썰게 해보는 것도 좋아요. 처음엔 당연히 손이 가는 대로 마음 내키는 대로 자유분방하게 칼질을 하겠지만 하다 보면 점점 실력이 늘어 크기나 모양을 일정하게 썰기 위해 노력한답니다. 언젠가 정말 아이가 썬 그대로를 요리에 사용하게 되는 날이 온다니까요. 저처럼요. 저는 요즘 요리할 때 손이 부족하면 아이를 불러 도움을 받는답니다.

4. 밀가루 반죽

밀가루에 물을 조금씩 넣어주면서 반죽할 수 있게 도와주세요. 이건 엄마와 아이가 함께할 수도 있고, 아이가 주도적으로 할 수도 있어요. 어린 아이라면 매트나 비닐을 넓게 깔아주고 그 위에서 밀가루와 물을 가지고 즐겁게 반죽놀이를 할 수 있도록 해주면 돼요. 오감놀이인 셈이죠. 엄마와 함께 반죽을 하고 그 반죽을 조금씩 떼서 동그라미, 세모, 네모 등의 도형을 만들어보거나 찍기 틀에 넣어 다양한 모양으로 찍어보는 것도 재미있어요. 반죽을 주물럭거리며 이런저런 모양을 만들어보는 활동은 아이의 소근육 발달에도 도움이 되니 일석이조네요.

엄마와 실질적인 요리가 가능한 아이라면 수제비를 만드는 일로 발전시켜보세요. 아이와 함께 밀가루를 반죽하고 그걸로 수제비를 끓여서 함께 먹는 일련의 과정이 아이에게 큰 즐거움과 성취감을 안겨줄 거예요. 수제비 안에 들어가는 채소도 직접 썰어보게 하고, 밀가루 반죽에 시금치나 당근을 갈아 넣어서 색을 입혀보는 것도 좋아요.

PLAY 2

본격적인 요리 활동

1. 달걀말이·달걀찜

아이가 직접 달걀을 깨서 풀고 저어보게 해요. 여기에 소금도 조금 넣고, 함께 넣을 채소도 직접 다질 수 있게 도와주고요. 다진 채소를 달걀물에 넣고 골고루 섞는 것까지 엄마가 말로 코치해주세요.

여기까지 왔으면 이제부터는 엄마가 본격적으로 나설 차례입니다. 불이 필요하거든요. 가스 불을 켜고 팬에 달걀물을 부어 익혀주세요. 아이는 옆에서 자기가 만들고 섞어둔 재료가 어떠한 모습으로 익어 가는지 관찰할 수 있어요. 이때 냄새도 자연스럽게 맡게 되겠죠. 달걀말이의 경우 한 김 식힌 뒤 아이가 직접 썰어보게 할 수도 있어요.

2. 나물무침

시금치, 콩나물, 숙주 등은 아이에게 맡기기 좋은 무침용 재료들이에요. 엄마가 데치는 것만 도와주면 나머지는 아이 혼자서도 쉽게 요리를 완성할 수 있거든요. 아이와 함께 재료를 다듬고 씻은 뒤에 엄마가 데치고 식혀 볼에 옮겨 담아 먹기 좋은 크기로 잘라주면 엄마의 역할은 끝!

이제부터는 아이가 나설 차례예요. 유아용 위생장갑을 끼운 뒤 조물조물하게 도와주세요. 엄마는 옆에서 참기름, 깨, 다진 마늘 등 무침에 필요한 재료들을 건네주는 보조 역할만 하면 돼요. 무치는 과정에서 풍기는 고소한 향기와 반짝반짝 맛있어 보이는 비주얼에 '딱 한입만 먹어볼까?' 하지 않고는 못 배긴 답니다.

3. 버섯볶음

아이에게 큼지막한 버섯 하나를 쥐어주고 손으로 잘게 찢어 달라고 부탁해보세요. 버섯이 크거나 거뭇거뭇 손질해야 할 부분이 있다면 빵칼로 자르면 된다고 일러주고요. 그 외에 추가할 채소나 재료가 있다면 함께 썰면 돼요. 아이가 자른 버섯과 채소를 가져다주면 엄마는 팬에 기름을 두르고 볶아주세요. 아이는 옆에서 자신이 손질한 재료들이 불과 다른 재료와 만나 변화되는 모습을 관찰할 수 있고, 그 과정에서 나는 냄새를 맡으며 식재료와 더 친해지게 된답니다.

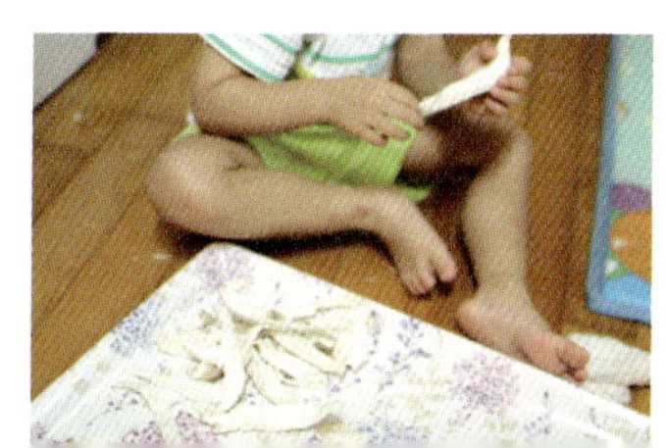

4. 주먹밥

멸치나 건새우를 팬에 볶은 뒤에 아이가 직접 빻아볼 수 있게 해주세요. 그다음 볼에 밥과 잘게 다진 멸치(건새우), 참기름, 깨소금, 김 가루 등을 차례로 넣을 수 있게 건네준 뒤 조물조물 섞을 수 있게 일러주세요. 다 섞은 밥은 가로, 세로 약 10cm 크기로 자른 랩에 한 숟가락씩 얹어 한입 크기로 동글동글 말아주면 예쁜 주먹밥이 뚝딱 완성! 쉽지 않아 보여도 엄마가 몇 차례 시범을 보여주면 아이도 충분히 따라 할 수 있어요. 아마 신나서 만들어볼 거예요. 주먹밥 속 재료는 그날의 냉장고 상황에 따라 바꿔주면 됩니다.

5. 동그랑땡

돼지고기 다짐육과 소고기 다짐육을 섞어서 볼에 담아 줘요. 아이에게 유아용 위생장갑을 끼운 뒤 고기를 치대며 반죽을 하게끔 도와주세요. 이때 엄마는 옆에서 파, 양파, 당근 등을 곱게 다져 고기 반죽에 넣어주면 돼요. 아이는 작은 손으로 조물조물해가며 고기와 채소를 열심히 섞어줄 거예요. 열심히 반죽한 고기를 아이와 함께 동글납작하게 빚은 뒤 엄마가 기름 두른 팬에 올려 구워주세요.

6. 과일주스 · 과일셰이크

과일을 안 먹는 아이에게 추천하는 활동이에요. 우리 아이도 과일을 안 먹었는데 직접 주스를 갈아 만드는 과정을 통해 지금은 생과일도 잘 먹는 아이가 되었답니다. 이유식용 강판을 준비해 아이가 직접 사과나 딸기 같은 비교적 부드러운 과일을 갈아보게끔 도와주세요.

아이에게 빵칼로 직접 과일을 썰게 한 뒤 믹서기에 과일, 우유, 꿀 등을 넣고 갈아서 셰이크를 만들어 봐도 좋아요. 과일을 씻고 만지고 자르는 경험을 통해 천천히 거부감을 줄여나가게 될 거예요.

7. 피자 · 토스트

식빵(또는 또띠아), 토마토소스, 피자치즈, 토핑(양파, 파프리카, 볶음고기 등) 등을 준비해요. 엄마가 할 일은 많지 않아요. 순서만 잘 일러주면 됩니다. 아이가 식빵이나 또띠아에 토마토소스를 얇게 바를 수 있도록 도운 뒤 그 위에 각종 토핑을 순서대로 올릴 수 있게 알려주세요. 이때 아이가 잘 안 먹는 재료들을 조금 섞어보는 것도 좋아요. 마지막으로 치즈를 뿌리는 것까지 마치면 엄마는 오븐에 굽거나 프라이팬에 뚜껑을 덮어 약불에서 구워주세요.

　　토스트 만드는 법도 간단해요. 우선 아이에게 빵칼로 식빵을 자르게 해요. 자기가 먹고 싶은 모양으로 자르게 해주세요. 달걀을 깨서 젓고, 소금 간까지 한 뒤에 자른 식빵을 담가 촉촉하게 적셔주세요. 여기까지는 엄마 지침만 있으면 아이 혼자 충분히 할 수 있겠죠? 그다음 엄마는 기름 두른 프라이팬에 얹어 하나씩 구워 완성해주세요.

8. 김밥

아이가 편식하는 재료들을 넣어 김밥을 만들어보세요. 김밥용 김을 반으로 자르거나 4등분한 뒤 김 위에 아이가 직접 밥부터 준비해둔 속 재료들을 하나씩 올릴 수 있게 도와주세요. 중요한 건 이때 아이가 편식하는 재료를 한 개씩만 추가하는 거예요. 과욕은 금물! 엄마의 욕심으로 아이가 싫어하는 것들을 너무 과하게 넣으려 한다면 아이는 김밥 자체를 거부하려고 할 게 분명해요. 그 한 가지를 뺀 나머지는 아이가 좋아하는 재료를 선택할 수 있게 해주세요. 김발로 돌돌 마는 것도 아이가 충분히 할 수 있어요. 김밥이 잘 안 말리거나 터질 수도 있지만 괜찮으니 두세요. 터진 김밥은 터진 대로 맛있으니까요.

"내가 만든 거니까 맛있게 먹어,
  골라 먹지 말고."
아이가 끓인 된장찌개

한 번은 아이가 직접 칼질한 두부, 버섯, 호박 등으로 된장찌개
를 끓였어요. 재료가 부드러우니 아이의 서툰 칼질에도 잘 썰렸
지요. 삐뚤빼뚤하지만 자기가 썰어놓은 재료를 보며 뿌듯해했
어요. 육수에 된장을 푸는 일도 아이가 했는데 된장을 만져보고
맛보는 일도 잊지 않았답니다. 마지막으로 불에 올려 끓이는 건
제가 했고, 아이는 옆에서 찌개가 완성되는 모습을 구경했어요.
"찌개가 끓을수록 구수한 냄새가 나", "찌개가 끓으면서 재료 색
깔이 달라졌어"라고 외치면서 신나했어요.

아이는 자신이 만든 요리에 자부심을 가지며 무척 잘 먹었답
니다. 한 입 먹을 때마다 "엄마, 내가 만든 건데 정말 맛있지?" 하
고 자랑하면서요. 퇴근 후에 식사하는 아빠에게도 자기가 만든
된장찌개를 자랑했어요. "아빠, 이거 내가 만든 거니까 맛있게

먹어. 안에 호박이랑 버섯이랑 다 먹어야 돼. 골라 먹지 말고!"
이렇게 아빠의 편식을 단속하는 말도 덧붙였죠. 이쯤 되니 아이
가 직접 만든 요리가 스스로에게 얼마나 큰 영향을 끼치는지 알
것 같았어요. 그때부터 저는 계속해서 아이를 요리에 적극적으
로 참여시켰습니다. 아주 작은 일이라도 아이와 함께 했어요. 몇
년을 함께 요리하다 보니 이제는 당연히 요리는 엄마와 자신이
함께 하는 거라고 생각하는 듯했어요. 식사 준비를 하려고 싱크
대 앞에 서면 아이도 어느새 쪼르르 달려와 발 받침대를 놓고 옆
에 서요. 어쩌다 혼자 요리를 해버리면 무척 속상해하며 "왜 엄
마 혼자 한 거야, 도대체 왜!" 이렇게 따지기도 하고요. 그렇게 아
이가 할 줄 아는 요리가 늘어날수록 못 먹는 재료도 하나씩 줄어
들더라고요.

　하다 보니 요리 실력도 늘어서 지금은 요리에 정말 큰 도움이
되고 있어요. 처음에는 아이의 편식을 고칠 생각으로 참여시킨
거였는데 요즘은 도움이 필요해서 아이를 부르거든요. "준아, 엄
마 요리 좀 도와줘." 그러면 어느새 으쓱하는 표정으로 제 옆에
서서 "뭘 도와줄까?"라고 하지요.

　아이는 자기가 만든 요리라면 꼭 맛보려고 노력했어요. 자기
손을 거친 음식이 어떤 맛을 내는지가 궁금한 모양이에요. 맛없
거나 자기가 싫어하는 재료가 들어갔더라도 일단 맛보려고 시도
했어요. 이런 과정을 통해 자연스럽게 다양한 맛을 보게 되었고,
편견이나 거부감을 줄이는 데 크게 도움이 되었어요. 이렇게 천
천히 아이와 요리활동을 하다 보면 어느 순간 아이도 음식을 지
금보다는 더 즐길 수 있게 될 거예요.

부부간의
끊임없는 대화는 필수!

사실 그 어떤 것보다 선행되어야 할 것은 부부간의 대화와 합의다. 이것은 냉장고를 정리하는 것보다, 매일 장을 보고 신선한 재료들로 요리하는 것보다, 아이와 요리놀이를 통해 음식에 거부감을 줄여주는 일보다 가장 우선되어야 한다. 둘 중 누구 한 사람만의 고민이어서도 안 되고, 누군가의 일방적인 통보가 되어서도 안 된다. 함께 고민하고 같이 해결책을 모색해나가며 의견이 일치된 대안을 도출하도록 노력해야 한다. 그리고 그 대안을 함께 지켜나가는 일이 무엇보다 중요하다. 엄마, 아빠의 육아방식이 통일되지 않으면 아이는 혼란스

럽다. 엄마 앞에서는 이랬다가, 아빠 앞에서는 이랬다가 이렇게 오락
가락 하는 일이 반복되다 보면 아이도 힘들다.

아이가 음식을 대하는 태도나 식사하는 법, 먹을거리에 대한 가치
관 등은 부모를 닮아간다. 아이의 편식이나 밥을 안 먹는 습관 역시
부모로부터 기인하는 경우가 많다. 그렇기에 아이의 식습관을 개선
하기 위해서는 부모의 식습관부터 개선해야 한다고 누차 강조하는
것이다. 두 양육자 중 어느 한 사람의 노력만 반복된다면 아이는 자
기에게 유리한 양육자를 선택하고 의지하게 될 것이다. 그렇게 되면
아이는 개선의 욕구를 갖지 않는다. 오히려 자기를 고치려고 하는 양
육자를 받아들이지 않고, 더욱 강한 거부감을 표출할 것이다. 왜 내
습관을 고쳐야 하는지 이유를 알 수도 없고, 그럴 필요가 없다고 생
각한다. 이런 생각을 지지해줄 양육자가 있으니 마음이 든든해진다.

남편이 바깥일을 하고 아내가 전업주부인 경우, 아이의 모든 문제
를 아내 혼자 떠안고 가는 경우가 많다. 바깥일을 하느라 힘든 남편
이 집안일에 신경을 안 쓰도록 배려하는 아내의 마음은 충분히 이해
가 된다. 하지만 아내의 넘치는 배려 때문에 남편은 아이들의 문제까
지도 모두 아내에게 떠넘기게 되는 불상사가 발생한다. 적어도 아이
에 관한 건 부부 공동의 문제가 되어야 한다.

우리 남편은 아이의 식생활을 고치기 위해 많은 변화를 함께 감내

해냈다. 그렇게 좋아하던 군것질을 끊었다. 장을 볼 때면 과자를 담고 싶은 욕구가 꿈틀거리는 것이 보이지만 아이를 위해서 힘겹게 참아낸다. 주스나 요구르트 등 당분이 과한 음료도 끊었다. 또 하나, 정말 힘들게 참아낸 것이 있다면 바로 텔레비전이다. 딱히 취미가 없는 사람이라 텔레비전 보는 것이 유일한 즐거움이었는데 아이를 위해 끊었다. 우리는 아이와 함께 있는 시간에는 스마트폰, 텔레비전 같은 전자기기에 손대지 않기로 했다. 거실에서 텔레비전을 치운 지는 오래 되었고, 아이와 함께 있는 시간에는 스마트폰을 꺼내지도 않는다.

그렇게 좋아하는 걸 참아낸 남편이 대견하고 기특하다. 정말 좋은 아빠라며 칭찬을 많이 해주고 있다. 아이들은 칭찬을 먹고 자란다지만 남편 역시 칭찬을 먹으며 하루하루 성장해가고 있다. 물론 이 모든 것이 하루아침에 이뤄진 것은 아니다. 이렇게 되기까지 약 5년의 시간이 걸렸다.

우리는 눈만 마주치면 아이에 대한 이야기를 나누었다. 남편에게 고민거리를 제시해주고 함께 풀어나가기 위한 대화를 끊임없이 나누었다. 내가 먼저 육아책을 읽고 남편에게 읽어보라며 제안하기도 하고, 꼭 읽어야 하는 부분만 사진 찍어서 보내주기도 했다. 그래도 안 읽을 때는 남편을 따라다니며 옆에서 읽어주기도 했다. 남편은 육아서도 감성적인 이야기보다는 통계, 확률 등의 수치나 과학적 근거가 명확한 이야기를 더 좋아했다. 남편과 대화를 나눌 때는 상대의 의견을 무시하고 내 생각만 맞다는 투로 강요해서는 안 된다. 상대의 의견을 존중하되 아이에게 좀 더 좋은 방법으로 이견을 좁혀놔야 한다.

　아이를 위한 노력은 부부가 생각을 나누고 통합하는 일부터 시작되어야 한다. 이는 쉽지 않은 일이지만 꼭 해야 하는 일이기도 하다.

채소를 키워요!

우리 집 텃밭에는 상추, 부추, 방울토마토, 가지, 오이, 고추가 자란다. 아이와 아빠가 함께 땅을 갈고 씨를 뿌려서 만든 텃밭이다. 아이는 땅에 물을 주며 식물이 자라나는 경이로운 과정을 몸소 체험 중이다. 집 안에서도 채소를 키운다. 당근 끄트머리를 잘라 물에 담가두고 이파리가 자라는 걸 매일 지켜보고 있다.

아이는 직접 채소를 키우며 매일 관찰하기 시작했다. 잎이 어제보다 얼마나 더 자랐는지, 꽃이 피었는지 졌는지, 열매가 얼마나 커졌는지를 지켜보며 즐거워한다. 그 과정에서 채소의 이름과 생김새를

알아나갔다. 아이는 종종 상기된 목소리로 호들갑스럽게 엄마, 아빠에게 설명한다. "엄마, 이것 봐, 노란 꽃이 폈어. 꽃 아래 길쭉하게 오이가 생기고 있어!" 우리는 아이의 이야기를 끝까지 듣는다. 이미 다 알고 있는 사실이고, 때로는 틀린 정보를 전해주기도 하지만 아이의 말을 끊거나 수정해주는 일은 없다. 맞든 틀리든 아이가 직접 관찰하고 생각한 이야기를 부모에게 전해주는 과정을 존중하는 것이다.

그 과정에서 아이는 초록 이파리들과 점점 친해진다. 그것이 밥상으로 올라와 우리의 몸을 건강하게 해준다는 걸 알게 되면서 아이는 초록 이파리들에 더 많은 애정을 쏟기 시작했다.

처음으로 상추를 수확하던 날, 아이는 정성스럽게 한 손으로 줄기를 누르고 다른 손으로 이파리를 뜯어냈다. 작은 손길이 꽤 야무져보었다. 요령을 익힌 후부터는 아빠에게 뜯는 방법을 설명하기도 한다. 아이와 함께 상추를 수확하는 시간이 행복하게 느껴졌다.

아이는 집으로 가지고 들어온 상추를 깨끗하게 씻었다. 발 받침대를 싱크대 앞에 놓고 서서 상추의 흙을 털어내며 한 장씩 정성껏 씻었다. 그러면서 자연스럽게 상추의 모양을 꼼꼼하게 관찰했다. 아이가 심은 작은 씨앗이 이렇게 큰 상추가 되었다는 걸 옆에서 설명해주고 대화를 나누었다. 아이도 자기가 느낀 자연의 신비로움에 대해 끊임없이 재잘거린다.

채소를 직접 기르고 수확하는 재미는 채소에 대한 호기심으로 연결된다. 채소에 관심이 생기면 그것의 맛도 궁금해진다. 자신이 직접 키운 채소가 반찬이 되어 식탁에 올라왔는데 어떤 맛이 날지 궁금하지 않겠는가. 맛을 보고는 이내 싫은 표정을 지을 수도 있다. 하지만 맛을 본 것만으로도 아이는 채소에 대한 거부감을 많이 줄인 것이다.

싫어하는 채소를 하루아침에 좋아하게 만들기는 어렵다. 채소에 대한 거부감을 서서히 줄여나가며 친숙해지는 것이 우선이다. 자꾸 접하다 보면 채소의 참맛을 느끼게 될 것이다. 한 번 맛보고 뱉었다고 아이를 나무라거나 혼내지 말고 먹어본 용기를 칭찬하자. "왜 뱉어! 이게 몸에 얼마나 좋은 건데. 나물을 안 먹으니까 키도 안 크고 자꾸 아픈 거지. 뱉지 말고 다 먹어." 이런 말은 이제 식탁에서 내려놓길 바란다. 우리도 몸에 좋은 거라고 모든 걸 다 맛있게 먹기는 힘들지 않은가.

"나물 먹기 쉽지 않았을 텐데 어떻게 이런 용기를 냈어? 우리 준이 대단하다! 다음에는 더 많이 먹어볼 수 있겠다. 그치? 정말 용감하고 멋있어!" 아이에게 용기를 실어주면 한 번 만에 뱉은 걸 다음에는 적어도 두 번은 씹다가 뱉을지도 모른다. 그리고 뱉는 횟수가 줄어들다 보면 나중에는 숨겨서도 먹을 줄도 알게 되고, 입안에 들어온 나물의 맛이 그렇게 싫지 않다는 것도 알게 된다. 나물의 고소하고 담백한 맛에 푹 빠지는 날도 오게 될 것이다.

비난이 아닌 칭찬, 이건 아이의 편식을 고치기 위한 가장 기본적이고 중요한 사항이다.

아이와 함께 집에서 키우기 좋은 식물들
상추, 토마토, 고추, 가지, 당근, 무, 대파 등은 꼭 텃밭을 가꾸지 않고 화분에 흙을 담아 모종을 심어도 잘 자란다. 수확하는 재미도 느낄 수 있다. 식탁 위에서도 작은 식물을 키워보자. 식탁 위에서 밥 먹을 때마다 아이와 함께 식물이 쑥쑥 자라는 걸 관찰하고 이야기를 나누자. 아이 스스로도 많이 먹고 쑥쑥 자라고 싶은 마음이 생길 것이다.

밥상에서 놀자!

밥 먹기를 싫어하는 아이를 밥상에 앉히는 일부터가 전쟁이다. 목이 터져라 불러봤자 듣는 척도 하지 않고 놀이에만 집중하기 때문이다. 그 순간 아이에게는 밥보다 놀이가 우선이다. 블록놀이는 재밌지만 식탁에 앉아 밥을 먹는 건 재미가 없고, 딱히 배가 고픈 것도 아니니 식탁에 앉을 이유가 더더욱 없다. 엄마가 부르기는 하지만 그건 못들은 척하거나 무시하면 될 거 같다. 이대로 버티고 있으면 식사시간이 은근슬쩍 넘어갈 수도 있을 것 같다는 생각에 아이는 입을 꾹 닫고 주방으로는 시선도 주지 않는다.

어떻게 하면 아이를 식탁에 기분 좋게 앉힐 수 있을까? 식탁에서 밥을 먹는 행위가 스트레스가 되지 않도록 하는 방법이 뭘까? 계속해서 고민했다. 그 고민을 한 문장으로 결론지었다. '밥 먹는 것도 즐겁게 느낄 수 있게 해주자.' 그래서 식사시간에 가능한 놀이들을 생각해봤다. 식사에 방해가 되지 않는 선에서 즐길 수 있는 놀이여야 한다. 아이가 좋아해서 집중을 하게 하되 밥을 제쳐두고 놀이에만 빠져서는 안 되니까.

지금부터는 아이가 식사시간을 즐길 수 있게 도와주는 놀이들을 소개한다. 밥상에 흥미를 갖게 하기 위한 다양한 방법 중 하나로 이해해주었으면 한다. 또 이런 여러 가지 시도를 통해 내 아이에게 맞는 방법을 찾을 수 있기를 바란다.

→ PLAY 1 ←

거울 보면서 밥 먹기

밥 먹는 아이 앞에 작은 거울 하나를 놓아주세요. 거울을 통해 아이는 밥 먹는 자신의 모습과 표정을 볼 수 있어요. 그리고 그 안에서 자신의 다양한 모습을 발견합니다. 입을 크게 벌려 입 한가득 밥을 넣어보기도 하고, 입을 오므려 작게 만들어보기도 해요. 큰 음식을 '앙' 하고 깨물어 먹을 때와 국물을 '후루룩' 떠먹을 때의 입 모양이 다르다는 것도 알게 돼요. 거울을 보며 젓가락으로 나물을 집는 것에 집중하기도 하고요. 눈도 찡그리고 입술을 삐죽거리는 등 자신도 몰랐던 새로운 표정을 찾는 재미에 빠지게 될 거예요.

⇥ PLAY 2 ⇤

장난감 상황극 하기

아이가 식탁 위로 장난감을 가져오면 밥은 뒷전이고 장난만 치려고 해서 엄마들이 말리곤 하죠. 이 상황을 이용해보면 어떨까요? 좋아하는 장난감을 식탁 위에 늘어놓고 상황극 놀이를 하게 하는 거죠.

　장난감과 아이가 밥 친구가 되어 서로에게 밥을 먹여주는 설정이 좋겠네요. 장난감 대역은 엄마가 맡아주세요. 주로 밥 먹기 싫다고 투정 부리는 역할을 해주면 돼요. 이것도 저것도 다 먹기 싫다며 귀엽게 투정을 부려보세요. 자기가 좋아하는 장난감 친구가 엄마가 해준 밥을 두고 투정부리기 시작하면 아이는 슬슬 당황한 기색을 보이며 어느 순간 장난감 친구를 달래기 시작해요. "시금치 한 번 먹어봐. 이건 키도 커지게 해주고 힘도 세게 해줘." 언젠가 부모님께 들었던 말을 재연하며 말이죠. 꽤 공들여 설득하고, 자기가 맛있게 먹는 시범을 보이기도 해요. 자기가 좋아하는 장난감 친구의 마음을 얻기 위한 아이의 노력이에요. 이쯤 되면 이제 먹는 시늉을 하면 됩니다. 아이 한입, 장난감 한입 이렇게 번갈아 한입씩 맛있게 먹어요.

⇥ *PLAY 3* ⇤

서로 먹여주기

동생이나 친구가 있다면 아이에게 밥 먹이는 미션을 주세요. 누군가에게 밥을 먹이는 일이 힘든 일이란 걸 아이도 배울 수 있어요. 혹은 엄마가 직접 아이에게 밥 먹여달라고 부탁을 해보는 것도 좋아요. "오늘 엄마가 아파서 밥을 떠먹기 힘드니 엄마에게 밥을 먹여줄 수 있겠니?" 하고 말이죠. 아이가 밥을 먹여주기 시작하면 지금부턴 엄마의 연기력을 발휘할 때입니다. 너무 과하지 않게, 아이가 감당할 수 있을 정도로 귀여운 투정을 부려요. "이건 맛이 없어.", "이건 쓴맛이 나서 먹고 싶지 않아." 아이는 엄마의 요구대로 밥을 먹이느라 꽤 힘든 경험을 해보게 될 거예요.

⇥ *PLAY 4* ⇤

구연동화 하기

즉흥적으로 이야기를 지어볼까요. 예를 들자면 이런 내용으로요. "옛날 옛날에 어떤 마을에 OO(아이 이름)이라는 아이가 살았어요. 그 아이는 밥을 엄~청 잘 먹었는데 특히 아삭아삭하고 빨간 당근을 가장 좋아했어요. 그런데 어느 날 엄마가 당근을 넣어 달걀찜을 만들어주었어요. OO이는 그걸 보자마자 너무 좋아하며 와구와구 맛있게 밥 한 그릇 뚝딱했어요. 그런데 갑자기! 그 자리에서 OO이의 키가 쑥쑥 자라나는 것이 아니겠어요?!" 아이 이름을 주인공으로 해서 식탁 위 상황을 응용해 동화를 들려주면 아이가 무척 좋아해요. 밥 먹는 일에도 재미를 느끼고요. 그다음에는 아이에게 엄마를 주인공으로 한 이야기를 짓도록 유도해보세요. 자연스레 아이에게 다음 차례를 넘기면 돼요. "옛날 옛날에 어느 마을에 엄마가 살았어요. 그런데 어느 날! …" 아이들은 이렇게 이야기를 지어서 주고받는 놀이를 참 좋아해요.

주의할 점은 결코 내 아이를 흉보거나 단점을 지적하는 이야기를 짓지 않는다는 거예요. 아이를 가르치고 훈육할 목적으로 아이가 시금치를 안 먹어서 키가 안 큰다는 둥, 밥은 안 먹고 사탕만 많이 먹어서 아프게 됐다는 둥, 엄마 말을 안 들으니 도깨비가 찾아 왔다는 둥, 그런 식으로 겁을 주거나 부정적인 이야기를 담게 되면 아이는 엄마와 이야기를 짓는 놀이를 싫어하게 될지도 몰라요. 마치 그 시간 동안 혼나는 것 같은 기분이 들기 때문이죠. 이야기만큼은 잘 먹고 잘 크는 내 아이의 장점을 돋보이게 할 수 있는 내용으로 짓는 것이 좋아요. 아이는 엄마가 만든 밝은 스토리 안에서 긍정적인 에너지를 받을 수 있답니다.

⇥ PLAY 5 ⇤

바른 식습관에 관련된 그림책 함께 읽기

아이와 함께 올바른 식습관에 관한 그림책을 읽어보는 것도 큰 도움이 돼요. 책은 여러 번 반복해서 읽어주세요. 이때 아이에게 책을 통해 훈계나 학습을 시키려는 마음은 내려놓아야 해요. 자칫 아이가 책을 싫어하게 되는 불상사가 찾아올지도 모르기 때문이죠. "이거 봐, 밥 안 먹으니까 이렇게 아프지?" 등의 말은 피하고, 순수하게 그림책을 읽는 재미에만 빠질 수 있게 해주세요. "와아, 이렇게 골고루 먹으면 멋진 공주님으로 변신하는

구나!", "빨갛고 초록 색깔이 들어간 채소는 우리 몸을 더 건강하게 해주나 봐"라는 식으로 아이와 함께 새로운 발견을 해나가는 재미를 만들어가세요. 아이 스스로 그림책을 통해 자연스럽게 밥의 중요성과 편식에 대한 문제점을 깨달아나갈 수 있도록 많은 이야기를 나누는 것이 좋아요. 아무리 외쳐도 밥상에 오지 않으려 할 때는 가볍게 그림책을 한 권 읽고 난 뒤에 밥상으로 다시 한번 유도해보세요.

바른 식습관을 위해 아이와 함께 읽으면 좋은 책

밥 한 그릇 뚝딱(이소을 글, 그림 ㅣ 상상박스)

난 밥 먹기 싫어(이민혜 글, 그림 ㅣ 시공주니어)

밥 대장! 힘 대장!(이현 글, 김이주 그림 ㅣ 꿈터)

사탕괴물(미우 글, 그림 ㅣ 노란돼지)

난 토마토 절대 안 먹어(로렌 차일드 지음, 조은수 옮김 ㅣ 국민서관)

아가야 밥 먹자(여정은 글, 김태은 그림 ㅣ 길벗어린이)

따뜻한 그림 백과-밥(재미난 책보 글, 안지연 그림 ㅣ 어린이아현)

대단한 밥(박광명 글, 그림 ㅣ 고래뱃속)

냠냠냠 맛있다(보린 글, 백은희 그림 ㅣ 창비)

둥글댕글 아빠표 주먹밥(이상교 글, 신민재 그림 ㅣ 시공주니어)

밥상에서의 전쟁은 여기까지만 해요

밥상 위 금지어

Essay

밥상머리 전쟁은 이제 그만!

흔히 안 먹는 아이와의 식사시간을 '밥 전쟁'이라고 표현하지요. 아이가 밥만 잘 먹어줘도 우리 가족의 삶의 질이 업그레이드 될 것만 같아요. 그만큼 제 삶의 문제는 아이와의 밥 전쟁뿐이었죠. 끝이 보이지 않는 전쟁을 언제까지 이어가야 할지 막막하기만 해요.

아이는 어떨까요? 아이 역시 엄마와 치열하게 밥 전쟁을 치르고 있어요. 입맛도 없고 배도 안 고픈데 엄마는 하루 세 번 정해진 시간마다 밥을 먹으라며 잔소리를 해요. 밥은 분명 아까 먹었는데 왜 또 먹어야 하는지 이해가 안 돼요. 밥 먹기 싫다고 솔직히 말하니 엄마가 화를 내요. 억지로 식탁으로 가 앉아 엄마의 화와 잔소리를 피해 눈치도 보고 밥을 최대한 덜 먹으며 요령껏 피해 가는 식사 신공을 펼칩니다. 그러다 보니 엄마의 잔소리를 받아치는 말기술도 늘었어요. 아이는 매일 밥 전쟁 내공을 쌓아가고 있습니다.

'오늘만은 제발 수월하게 넘어가길…' 이 생각을 엄마뿐만 아니라 아이도 간절하게 하고 있어요. 밥에서 비롯된 아이의 스트레스나 괴로움에 대해서 얼마나 깊게 생각을 해보셨나요? 저는 어릴 적 엄한 부모님 때문에 밥상에서 자주 혼이 났어요. 그때의 기억이 아직까지 따라다니는데 놀라운 건 제가 어릴 적 밥상에서 부모님께 혼났던 방식을 아이에게 답습하고 있었던 거예요. 저를 혼내던 부모님의 말투 그대로를요. 그 당시의 어린 제 마음이 떠오르니 지금 제 아이가 어떤 기분일지도 어렴풋이 이해가 됩니다.

아이가 식사를 거부할 때 '안 돼, 그래도 다 먹어'라는 말 외에 아이가 납득할 만한 이유를 설명해주시나요? 왜 다 먹어야 하는지 아이가 이해할 수 있도록 어떤 노력을 했나요? 부모라면 아이를 이해시키고 납득시킬 수 있는 논리로 대화를 이어나가려는 노력을 포기해선 안 돼요. 그래야 아이도 부모로부터 이성적인 논리를 배울 수 있습니다.

저는 아이에게 '싫어. 안 먹어!' 이 말 대신 '지금은 먹고 싶지 않아요', '나중에 먹을게요', '배가 불러요' 등의 말을 가르쳤어요. 거부하는 반찬이 있다면 그것이 싫은 이유에 대해 대화를 나누었어요. '피망의 색깔이 싫어요', '오이는 냄새가 고약해요', '버섯이 물컹해서 씹는 느낌이 싫어요' 등 싫은 음식에 대한 이유를 아이가 명확하게 설명할 수 있도록 도움을 주었죠. 이 방식은 아이의 의사표현 능력을 기르는 데도 도움이 되고, 그 음식을 아이의 입맛에 맞게 요리하는 데도 도움이 돼요.

밥을 먹고 싶지 않은 이유도 꼭 물어보셔야 해요. 아이들은 의외로 아주 작은 이유 하나 때문에 밥 전체를 거부하는 일이 많거든요. 한 번은 식사가 시작된 지 얼마 안 되었는데 아이가 바로 밥을 먹기 싫다는 거예요. 이야기를 나눠보니 밥 속에 들어간 양파 때문이었어요. 양파가 덜 익어서 아삭한 식감과 향이 살아있었는데, 그게 입안에 들어오는 게 싫었던 거죠. 아이에게 양파를 빼주면 밥을 다시 먹을 수 있겠냐고 물으니 그렇다고 대답하더군요. 양파를 모두 빼주었고 아이는 아무 문제가 없었던 것처럼 한 끼를 끝까지 잘 먹었어요. 불편한 감정은 사소한 것에서 비롯돼요. 부모가 아이의 문제를 알아차리고 해결해준다면 다시 원래의 편안한 상태를 이어갈 수 있습니다.

마음을 비운 채 밥상에서의 전쟁을 멈추고 아이에게 칭찬을 많이 해주던 어느 날, 아이가 이렇게 말했어요.

"엄마, 내가 처음에는 당근을 못 먹었잖아. 그런데 용기를 내서 맛을 보았어. 그리고 계속 용기를 냈더니 이제는 잘 먹게 됐어."

"뱉지 마!"

엄마는 열심히 요리하는데, 아이는 옆에서 놀아 달라, 뭐 해 달라하며 보챈다. 한 손으로는 아이를 어르고, 한 손으로는 요리를 하는 내 모습은 묘기에 가깝다. 그토록 어려운 기술을 발휘하며 완성된 밥, 먹어보니 맛도 훌륭했다. 예쁜 그릇에 정성껏 담으니 보기도 좋다. 이 정도면 아이의 시각과 미각을 완벽히 사로잡을 것이라는 확신이 든다. 아이도 약간은 기대를 담아 입을 벌려주었다. '아~' 하고 먹여주는데 마음이 두근거린다. 입안에 들어온 음식물을 몇 번 씹던 아이는 이내 얼굴을 찌푸리며 가차 없이 뱉어버린다. 물로 입가심까지 하고 있는 아이를 보니 순간 속이 끓어오른다. 내 입에서 버럭 화가 튀어나가고 만다.

"야! 왜 뱉어!"

아이에게 밥을 먹이다 보면 입에 넣어주자마자 뱉는 일이 허다하다. 그때마다 주체 못할 화가 나고 이 화는 결국 아이에게 돌아간다. 그 이유에 대해 가만히 생각해보았다. "왜 뱉어! 뱉으면 안 돼"라는 말을 곱씹어보니 그 뒤에 숨겨진 말이 나중에야 들렸다.

"왜 뱉어! 뱉으면 안 돼. (내가 얼마나 열심히 만든 건데!)"

내가 정성을 다해 열심히 만들었는데 아이가 먹자마자 뱉어버리니 화가 났던 것이다. 결국 아이가 밥을 먹지 않아 걱정되는 마음보다 내가 만든 음식이 하찮게 버려지는 게 싫었던 것이다. 내 노동의 가치가 하찮게 바닥으로 떨어진 기분, 그리하여 자존감마저 바닥을 친 기분이다.

아이의 식습관을 개선하기 위해 밥상에서 엄마의 화를 걷어내는 일이 시급하다. 나는 '내가 열심히 만들었으니 너는 이것을 다 먹어야 해'라는 마음을 가장 먼저 버렸다. 그리고 나니 화가 줄어들고 마음에도 여유가 생겼다. '먹기 싫을 수도 있지, 맛이 없나 보다. 아니면 배가 부른가? 입맛이 없나?' 등 아이가 밥을 거부하는 여러 가지 이유를 생각하며, 너그럽고 다양한 사고를 하기 시작했다. 싫은 음식을 뱉을 수 있는 자유를 주고, 뱉는다고 해서 과하게 혼내지도 말자. 맛이 없으면 뱉을 수도 있는 거 아니겠는가? 먹기 힘든 음식을 억지로 삼키는 일이 얼마나 괴로운 일인지 헤아려보자. 그건 어른들에게도 마찬가지다.

음식을 뱉어서 혼나본 아이일수록 새로운 음식에 대한 거부감이 크다. 맛없어서 뱉으면 혼날 게 뻔하니 아예 맛도 보지 않으려는 것이다. 억지로 먹기도, 뱉기도 힘든 상황에서 아이는 애초에 맛을 안 보는 것이 스스로를 지키는 방법임을 깨닫는다. 난 아이에게 "뱉지 마"라는 말을 하지 않기로 했다. 대신 이렇게 대체했다.

"일단 한 번만 먹어보자. 한 번 먹고 이상하면 안 먹어도 돼."

이 말은 아이의 자신감을 부추겨주었다. 처음에는 아이도 새로운 음식을 보면 색이나 모양만 보고 거부하곤 했는데, 이 말로 용기를 주니 어느 순간 조금씩 맛을 보기 시작했다. 생각보다 맛이 좋아 웃으며 넘기는 날도 많았다. 물론 인상 쓰며 고개를 젓는 일도 많았지만 말이다. 그러면 나는 자연스럽게 휴지를 아이 입에 대고 뱉어도 된다고 해주었다. 아이는 엄마의 대처만으로도 안도했다. 한술 더 떠

음식을 뱉은 아이에게 칭찬을 해주었다.

"처음 본 음식을 먹어보다니 정말 용감하다. 대단해!"

엄마에게 칭찬을 듣는 일이 늘어나면서 아이는 점점 새로운 음식을 맛보는 일에 용기를 갖기 시작했다. 처음 보는 음식이 있으면 일단 맛보는 습관이 생겼다. 안심하고 마음껏 새로운 맛에 도전했다. 입에 넣고 나면 절대 뱉어서는 안 된다는 규범에 사로잡혀 있는 아이는 먹을 시도조차 못 한다. 일단 먹어보고 뱉게 하자. 그리고 뱉은 걸 혼내지 말고 먹어본 용기를 칭찬하자. '다음에 먹자'라는 말로 도전을 잠시 미룰 수 있도록 해주는 것도 좋다.

"그래, 그럼 다음에 먹자."
당근을 미루는 용기

아이가 감자볶음에 있던 당근을 골라냅니다. 인상까지 잔뜩 쓰
고서…. 아이는 평소 당근을 잘 먹어 왔어요. 뭐, 굉장히 좋아하
는 건 아니어도 따로 골라낸 적은 없을 정도로 거부감 없이 먹
어왔지요. 그런데 오늘은 유독 당근만 쏙쏙 골라내는 것이 이상
했어요.

"당근, 왜 안 먹어?"
"맛이 없어서."
"당근 좋아하잖아. 어제도 잘 먹었는데?"
"응, 하지만 오늘은 먹기 싫어."

어제는 잘 먹던 당근이 오늘은 먹기 싫다네요. 조리법이 크게
달라지거나 맛이 바뀐 것도 아니에요. 문제는 아이 입에 어제의

당근은 맛있었는데 오늘은 맛이 없다는 사실이죠. 이건 당근의 탓도 아니고 요리를 한 엄마의 탓도 아니에요. 당근을 골라낸 아이의 문제는 더더욱 아니죠.

그냥 그럴 수도 있는 일이에요. 살다 보면 늘 있는 일, 이럴 수도 있고 저럴 수도 있는 일. 어제는 좋았던 것이 갑자기 오늘 싫어질 수도 있잖아요. 아이에게도 그런 비스름한 순간이 잠시 찾아왔다고 생각해요. 그러니 이 문제로 화를 내거나 훈육을 할 필요는 없어요. 그냥 '오늘은 별로 먹고 싶지 않은 날이구나' 하며 아이의 상태를 인정해주면 돼요. 요즘 우리 가족의 식탁에서는 이런 대화가 오가고 있어요.

"오늘은 당근이 먹고 싶지 않아요. 이건 빼고 주세요."
"그래? 그럼 당근은 다음에 먹자."

이때 중요한 건 '그래, 그럼 먹지마!'가 아니라는 거예요. 먹지 말라고 하는 건 아이가 당근을 편식한다고 규정짓는 것이나 마찬가지예요. 아이는 부모의 말을 그대로 받아들여서 '나는 당근을 싫어하니까 먹지 않아도 돼'라고 마음에 새기게 돼요. 그저 오늘 아이와 당근이 맞지 않는 날이라는 걸 인정해주세요.

당근이 다시 먹고 싶어지는 날까지 잠시 미루는 용기가 아이와 엄마 모두에게 필요합니다.

"이거 다 안 먹으면 간식은 없어!"

아이에게 밥 한 그릇을 먹이기 위해 강압적인 방법을 쓰는 경우가 많다. 예를 들어 밥을 안 먹는다고 아이 앞에 있는 밥을 바로 치운다든가, 그 밥을 아이가 보는 앞에서 개수대에 버린다든가…. 아이가 좋아하는 무언가를 즉시 제거하거나, 좋아하는 걸 다시는 못 할 거라고 윽박지르거나, 아이가 무서워하는 어떤 요소를 투입시켜 겁을 주는 행위 등이다. 우리가 크게 의식하지 못하고 하는 행동이지만 사실 이 안에는 협박의 의미가 숨겨져 있다. 좋아하는 것을 볼모로 잡고 싫은 일을 억지로 강요하는 것은 협박의 전형적인 수법이다.

효과가 빠르기 때문에 생각보다 많은 부모들이 이 방법을 사용한다. 눈앞에 있는 밥 한 그릇을 좀 더 쉽게 먹이기 위해 아이의 마음에 상처를 주는 심리적 충격요법을 지속적으로 쓰는 것이다. 아이가 충격에 무뎌지면 다음에는 더 강한 충격으로 자극할 수밖에 없다. 그렇게 아이는 점점 센 강도의 충격에 노출된다. 다음은 자주 사용되는 협박의 말이다.

"밥 안 먹으면 다 버릴 거야."

아이가 밥은 안 먹고 장난만 치니 참고 참다 결국에는 폭발한다. 아이의 식판을 들어 아이가 보는 앞에서 개수대에 쏟아버린다. "이제 밥은 없어. 어디 한 번 굶어봐." 엄마는 매섭게 말한다. 아이 입장에서는 정말 황당하고 속상하다. 입맛이 없어서 먹기 힘든 것뿐인데 그렇게 버리다니. 이 상황에서 아이는 놀라거나 무서워서 엉엉 울지만 그 효과가 몇 번이나 가겠는가. 점차 무덤덤해지다가 언젠가는 엄마가 밥을 버려주기를 기다릴지도 모른다. 밥을 먹기 싫다고 하면 엄마가 버려줄 테니. 더 큰 문제는 먹기 싫은 밥을 아이 스스로 버리는 날이 올 수도 있다는 것이다. 먹기 싫으면 버려도 된다는 걸 엄마로부터 배웠기 때문이다.

“이거 다 안 먹으면 앞으로 네가 좋아하는 간식은 없을 줄 알아.”

아이 생각에는 좋아하는 간식과 밥 먹는 일은 별개의 일이다. 그런데 밥을 안 먹는다고 아이가 좋아하는 것을 제거한다니…. 좋아하는 간식을 빼앗기지 않기 위해서 아이는 싫은 밥을 억지로 꾸역꾸역 먹는다. 그러는 사이 아이 마음속에 밥 먹는 일이 싫어도 억지로 해야 하는 일로 자리 잡지 않을까.

“밥 안 먹고 투정 부리면 도깨비가 와서 잡아간다.”

아이의 투정이 심해지자 엄마는 결국 도깨비를 소환한다. 도깨비가 얼마나 무서운 존재인지 다시 한번 강조한다. 도깨비가 찾아왔을 때 아이가 잡혀갈 수 있다는 것과 그러면 엄마, 아빠와 다시는 못 만난다는 등의 무시무시한 이야기를 풀어놓는다. 아이는 겁에 질려 울며 겨자 먹기로 밥을 삼킨다. 특히 병원에 가서 의사 선생님한테 큰 주사를 맞아야 한다든지, 경찰 아저씨가 와서 감옥에 가둔다든지 하는 이야기로 공포심을 조장할 경우 아이는 경찰과 병원 자체에 공포심을 갖게 될 수 있다. 아이를 변화시키기 위해 얼마나 더 큰 공포감과 충격이 필요한 걸까. 아이에게 주는 충격이 커질수록 아이는 안으로 공포심을 쌓아가게 될지도 모른다.

"먹지 마, 굶어!"

"너 누가 그렇게 밥 먹으라고 했어? 지금 밥 가지고 장난하는 거야? 그럴 거면 먹지 마!" 잔소리와 함께 아이의 밥그릇을 치운다. 아이는 자기 밥을 빼앗기는 순간 서러움에 울음이 터진다. 그 순간 엄마는 잠시 고민한다. '저렇게 서럽게 우는데 그냥 다시 밥을 줄까.' 조금은 흔들리지만 이내 마음을 고쳐먹는다. 아이의 식습관을 고치기 위해서는 좀 더 독해져야만 한다. 아이에게 자꾸 휩쓸리면 안 된다. 엄마는 결국 아이의 식판을 치우고 단호하게 다음 식사시간까지 그 어떤 것도 먹지 못 할 거라고 선포한다. 아이는 울다 지쳐 식탁에서 내려온다. 엄마의 마음은 진정이 되지 않는다. 아이를 위해 단호한 결단을 했다고 생각하는 반면 아이 앞에서 밥을 빼앗아버린 건 너무 충동적인 행동이 아니었나 싶은 생각에 갈팡질팡한다. 이성적인 대처라고 생각했으나 뒤돌아서 보니 결국엔 충동적이고 감정적인 대처밖에 못한 자신에게 자책감이 든다. 아이는 울고 엄마는 충돌하는 두 마음 사이에서 힘들어한다.

밥을 빼앗긴 아이는 운다. 서러워서 울고 무서워서 운다. 그리고 이런 생각을 할지도 모른다. '엄마가 다음에 또 밥을 줄까? 다시 밥을 주면 혼나지 않게 잘 먹어야지.' 이내 마음을 추스르고 놀기 시작한다. 그리고 다음 끼니가 되었다. 문제는 아직도 배가 고프지 않다는 것이다. 엄마는 다시 식사를 준비해주지만 아이는 여전히 먹고 싶지 않다. 이번에도 밥을 먹지 않고 버티면 엄마는 더 크게 화낼지도 모르기에 아이는 고민한다. 이쯤 되면 아이에게는 매번 찾아오는 식사 시간이 괴로움의 연속일지도 모른다.

밥 안 먹는 아이를 굶기면 밥 잘 먹는 아이가 될까? 그런 식으로 식습관을 고치기 전에 아이의 몸은 굶는 일에 먼저 익숙해질 것이다. 한 끼 굶으면 다음 끼니는 잘 먹을 수 있지만 다음, 그다음 끼니는 또 안 먹는다. 근본적인 해결 없이 굶기는 방법을 지속할 경우 아이는 한 끼 걸러 한 끼 먹는 방식을 반복하게 된다. 더 큰 문제는 굶는 것이 습관이 된다는 것이다. 아이는 곧 그런 식사 패턴에 익숙해진다. 즉, 아이의 식사 주기가 남들보다 길어진다는 건데 아이의 신체가 굶는 일에 익숙해져서 배고픈 느낌도 사라지게 될 것이다. 그런 일이 반복되는 과정 속에서 아이는 먹기 싫으면 밥을 먹지 않아도 된다는 사실을 온몸으로 학습하게 된다. 먹기 싫으면 한 끼 굶으면 되고 그 다음 끼니를 먹으면 되는 것이다. 굶은 일에 익숙해지면 밥을 먹지 않아도 크게 힘들지 않다. 결국 아이에게 직접 굶는 방법을 훈련시켜주는 셈이 된다.

굶기는 방법이 통하는 아이가 있고 아닌 아이가 있다. 입이 짧고 먹을 것에 관심이 없는 아이는 밥을 굶기면 더 좋아한다. "그럼 굶어!"라는 엄마의 말 한마디에 아마도 해방감을 느낄 것이다. 실제로 내가 그랬다. 그러므로 입이 짧은 아이는 절대로 굶겨서는 안 된다. 굶는 느낌에 자꾸만 익숙해지도록 둬서는 안 된다.

그렇다고 안 먹는 아이를 억지로 먹일 수는 없다. 그럴 때는 밥으로 된 핑거 푸드를 준비해서 아이가 놀이를 하면서 하나씩 먹을 수 있도록 하는 방법이 있다. 끼니를 거르고 공복으로 넘어가는 일이 없도록 신경 쓰자. 밥을 안 먹는다고 간식으로 배를 채우는 일은 피하도록 하고, 밥 형태로 된 것을 조금이라도 섭취하도록 해주자.

아침 역시 마찬가지다. 아침은 온 가족이 바쁜 시간이다. 워킹맘이라면 더욱 그럴 것이다. 출근 준비하면서 아이를 등원(등교)시키는 일은 쉬운 일이 아니지만 그럼에도 아이의 아침을 습관적으로 건너뛰는 일만큼은 없어야 한다. 아이가 아침을 먹지 않는 일에 익숙해진다는 건 그만큼 공복에 익숙해진다는 뜻이다. 그러다 보면 아침에는 점점 더 입맛이 없어진다. 아침을 자주 굶는 아이는 어느 날 아침밥을 차려줘도 먹고 싶은 생각이 안 든다. 그런 습관은 성인이 되어서도 이어진다. 아침에 간단하게라도 식사를 하는 것이 중요하다. 아이가 정신적·육체적으로 건강하게 자라기 위해서라도 아침식사는 필수다. 바쁜 아침에는 간단하게라도 먹는 것에 의의를 두자.

눈앞에 보이는 쉬운 방법만을 좇지 말자. 아이를 위해서 어렵고 힘든 방법을 선택할 수 있는 용기가 진정으로 내 아이만의 엄마가 되어가는 과정이다.

“밥 한 숟가락만 더 먹으면 사탕 줄게!”

“이거 다 먹으면 사탕 줄게” 아이 키우면서 이 말을 안 해본 부모가 있을까? 나 역시 아이에게 밥을 먹이기 위해서 사탕, 젤리 등 달콤한 간식으로 유혹하는 방법을 써본 적이 있었다. 처음에는 꽤 괜찮았다. 밥 앞에서 꿈쩍도 하지 않던 아이가 달콤한 보상을 제시하면 금방 숟가락을 들었다. 겨우 밥을 다 먹은 아이는 그토록 간절히 기다리던 사탕을 하나 얻었다. 곧장 껍질을 까서 입에 넣고 쪽쪽 소리를 내며 참 달게도 먹는다. 하지만 그것도 한두 번 뿐이었다. 아이는 죽어도 숟가락만은 들 수 없다는 강경한 태도로 돌아왔고, 나는 아이 옆에서 "밥 다 먹으면 사탕을 줄게"라며 달콤함의 보상을 세뇌시키듯 얘기해줘야 했다. 나중에는 아이에게서 "사탕 주면 밥 먹을게"라는 말까지 들었다. 어이가 없었지만 딱히 할 말은 없었다. 밥 먹으면 사탕을 준다는 말과 사탕을 주면 밥을 먹겠다는 말이 별 차이가 없게 들렸기 때문이다. 아이는 결국 내 방식을 이용해 자기에게 유리한 쪽으로 재협상을 시도해왔다.

나중에는 아예 밥도 안 먹고 달콤한 간식부터 달라고 떼를 쓰는 상황에 이르렀다. 안 된다고 하니 아이는 식탁에서 목청을 높여 울기 시작했다. 그것은 밥 전쟁 이후 또 다른 전쟁의 시작이었다. 그날 이후 나는 달콤한 보상 원칙을 식탁에서 싹 제거했다. 아무리 울어도 들어줄 수 없다며 철벽방어를 하기 시작했다. 아이는 엄마 생각처럼 달콤한 간식을 식후 한 개씩 규칙적으로 먹을 생각이 없다. 먹기 전에는 그럴 수 있을 거 같아 '밥 먹고 한 개씩만 먹겠다'는 약속을 했지만 막상 하나를 먹으니 생각이 달라졌다. 또 먹고 싶고, 더 많이 먹고 싶다. 내일이 되기도 전에 남은 걸 다 먹어버리고 싶어진다. 밥을 먹이기 위한 실랑이에서 달콤한 걸 끊기 위한 또 다른 실랑이로 바뀌었다.

편식 없이 밥을 잘 먹게 하기 위해서는 간식부터 대폭 줄이거나 끊어야 한다. 밥 안 먹는 아이에게 간식은 한 끼의 식사를 대체할 수 있는 든든함이 되어준다. 달콤한 간식이라면 더 심하다. 단맛이 강한 군것질들은 영양은 없고 칼로리만 높기 때문에 영양 결핍을 가져온다. 또한 식욕을 사라지게 하고 엄마 밥이 맛없게 느껴지게 한다. 편식 습관을 고치려는 목적이 아니더라도 아이의 건강을 위해 달콤한 군것질은 자제하는 것이 좋다.

밥을 안 먹는 아이를 둔 부모는 아이에게 보상의 개념으로 달콤한 간식을 사용하는데, 이 방법은 부모 스스로 달콤함을 상으로 규정하고 있다는 뜻이다. 그러니까 달콤한 간식은 피하고 줄여야 하는 것이 아니라 아이가 목표로 삼는 대상이 되는 것이다. 부모 스스로 달콤한 군것질에 긍정의 이미지를 부여해주고 있는 셈이다. 몸에 유익하지 않은 음식은 결코 '상'이 되어서는 안 된다. 군것질을 먹더라도 밥과는 별개로 먹는 것이 좋다. 밥 자체의 즐거움과 맛을 알게 해줘야 한다. 엄마가 정성껏 해주는 요리가 아이에게 상이 되도록 하자. "엄마가 맛있는 밥 해줄게." 이 말 한마디에 아이는 행복해져야 한다.

달콤한 간식을 아예 끊기는 힘들겠지만 꾸준한 대화를 통해 군것질을 줄이고 최대한 덜 먹어야 하는 이유를 아이에게 가르쳐주자. 그러면 아이가 군것질을 하더라도 이것이 몸에 나쁘다는 인식을 갖게 된다. 나아가 사탕을 먹었으니 그것에 대한 보상으로 건강한 음식을 먹고, 양치질도 잘해야 한다는 개념이 잡혀야 한다.

나는 아이의 식습관을 바로잡기 위해 그 어떤 군것질도 일절 제공하지 않았다. 그리고 그림책이나 박물관, 사진, 대화 등을 통해 달콤한 군것질이 건강을 해치고 몸을 약해지게 만든다는 것과 엄마가 집에서 해준 음식이 몸을 쑥쑥 자라게 하고 건강하게 해준다는 것을 인식시켜왔다.

그 결과 아이는 군것질거리가 있어도 크게 관심을 갖지 않는다. 먹더라도 한 번에 많이 먹지 않고 절제하는 법을 알게 되었다. 하나를 먹었으면 나머지는 다음에 먹기 위해 남겨두는 것이다. "이거 한 번에 다 먹으면 안 돼. 배도 아프고 이도 썩어"라는 말을 하면서 사탕이나 젤리 등을 남겨두는 모습을 보인다.

"이리와~ 뽀로로 보면서 먹자!"

에너지 넘치는 아이를 밥상에 겨우 앉혔더니 숟가락으로 장난만 치면서 도통 먹을 생각을 하지 않는다. 힘겹게 차려놓은 식사인데 밥알이 사방으로 날리는 걸 보고 있자니 허탈함이 몰려온다. 결국 영상을 틀었다. 그 순간 아이는 바삐 움직이던 몸을 한 자세로 고정시키고 꼼짝도 하지 않았다. 매번 놀라울 따름이다. 저게 뭐라고, 아이의 행동을 한순간에 저지시키는가 싶어서 신기했고 한편으로는 걱정되었다. 자유분방한 아이의 활동을 순식간에 정지 상태로 만드는 저 영상물이 혹시 내 아이의 머리마저 정지 상태로 만드는 건 아닐까. 아이는 꼼짝하지 않고 앉아서 엄마가 떠주는 음식을 받아먹었다. 입안으로 들어오는 것이 무엇인지 알지 못했고 관심도 없어 보였다. 입에 밥을 물었으나 씹지 않았다. 영상물로 아이를 밥상 앞에 붙잡아두는 것은 성공했지만 아이는 입에 들어온 음식을 먹어야 한다는 의식도 못하고 있었다. 열심히 만든 음식이고 아이도 먹는 즐거움을 느끼길 바랐는데 정작 아이는 아무것도 느끼지 못하고 있었다.

나는 옆에서 계속 잔소리를 해야 했다. "씹어야지. 어서 씹어." 아이는 엄마가 말을 해야 입을 오물거리며 씹어 넘겼다. 그렇게 한 입씩 먹이고 씹고 삼키기를 기다리다 보면 아이의 식사시간은 한 시간을 훌쩍 넘기곤 한다. 그 시간 동안 아이는 영상물에서 한 번도 시선을 떼지 않았다. 아이의 몸과 마음은 지금 어떤 상태인 걸까? 조금 전까지는 살아서 팔딱거리는 생명력 강한 아이였는데, 한순간에 두뇌와 심장이 얼어버린 기계가 되어버린 거 같았다.

그때부터 나는 우리의 삶에서 영상물을 모두 제거했다. 아이와 함께 있을 때는 집에서 텔레비전은 물론이고 스마트폰 역시 보지 않는다. 아이 앞에서는 그 어떤 스마트한 기계도 사용하지 않았다. 외출할 때는 손목시계를 차기 시작했다. 그러면 가방에서 스마트폰을 꺼낼 일이 없었다. 우리 부부는 아이와 함께 아날로그 삶을 즐기기 시작했다. 나아가 거실에서 아예 텔레비전을 없애고 양쪽 벽을 책장으로 꽉 채워 서재를 꾸몄다. 그러니 아이는 더욱 영상물을 찾는 일이 없었다. 식사는 꼭 식탁에서만 했다. 집에서 가족이 함께하는 시간에 유일하게 함께 하는 기계는 오디오였다. 라디오도 듣고 CD도 들으며 지낸다. 클래식, 동요, 전통음악, 발라드, 영어노래 등 다양하게 골라서 듣는 재미가 있다. 가족이 함께 있을 때는 서로의 얼굴을 보면서 지내고, 긴 시간 대화한다. 서로의 생각을 얘기하고 들어주는 것이 우리 가족이 함께 하는 최고의 놀이다. 아이는 식탁에서 말을 참 많이 한다. 유치원에서 있었던 일과 자기가 느낀 점, 생각하고 고민하고 있는 점, 관찰하고 느낀 점들에 대한 생각들을 끝없이 부모에게 쏟아냈다. 우리는 아이의 이야기를 귀 기울여 듣고 공감해주었다. 스마트한 전자기기를 치우니 삶에 점점 더 여유가 찾아오는 것이 느껴졌다.

사실 더 큰 수확은 우리 부부에게 있었다. 서로 간에 대화가 늘었다. 가만히 있으면 서로 대화밖에 할 일이 없기 때문이다. 이상하게 대화를 하면 할수록 할 말이 점점 더 늘었다. 우리 가족의 식사시간은 함께 대화를 나누는 소중한 시간이 되었다. 엄마와 아빠가, 아이와 부모가 이야기를 나눈다. 서로 말하고 듣고 대답하느라 식탁에 생기가 돈다. 그만큼 아이는 먹는 일에도 더욱 의욕을 보였다. 식탁 위에서 가족과 밥을 먹을 때 삶의 행복을 느낀다. 텔레비전과 스마트폰을 없앤 후부터 아이는 밥을 입에 물고 있는 일이 줄어들었다.

산만한 아이에게 밥을 먹이기 위해 우리는 영상물의 유혹에 쉽게 넘어간다. 형형색색 재미난 캐릭터들이 노는 모습에 정신이 팔리면 몇 시간이고 아이는 식탁을 떠나지 않는다. 밥을 먹으려 앉아 있는 것 같지만 사실 입에 들어오는 걸 기계적으로 씹을 뿐, 아이의 신경은 온통 작은 스마트 기기에 곤두서 있다. 딱히 대안이 없다 여겨지니 어쩔 수 없다고 인정해버리지만 방법이 없는 게 결코 아니다. 쉽고 편한 방법에 점점 익숙해지는 것뿐이다.

적어도 식사시간만큼은 영상물을 제거하고, 온전히 식사의 즐거움에 흠뻑 빠지는 시간을 갖자.

아무렴, 엄마도 사람인데요~
일관성에 집착하지 말 것

엄마인 저는 '일관성'이라는 말이 무척 버겁습니다. 육아의 정도인 것처럼 강요되는 이 말은 모든 상황에 거의 정답처럼 적용이 되지요. 훈육이나 놀이를 할 때나 식습관을 개선하기 위한 노력에도 일관성이라는 공식은 어김없이 적용되고요. 아이가 돌아다니면서 밥을 먹거나 밥 대신 간식만 찾거나, 먹고 싶은 것만 골라 먹는 행동 등 개선해야 할 아이들의 식습관을 따라가 보면 그 끝에는 어김없이 일관적이지 못한 엄마가 문제의 근원처럼 서 있습니다. 뭐, 맞는 말이긴 한데 이 공식이 가끔 답답하게 느껴질 때가 많아요.

일관적이고 싶지 않은 엄마는 어디에도 없어요. 하지만 엄마도 사람이에요. 기계가 아니고서야 일관적인 사람이란 존재할 수 없죠. 일관적일 수 없는 내가 일관성이라는 단어에 얽매여 있으니 얼마나 힘들겠어요. 그 어려움이 스스로를 더욱 스트레스에 빠지게 하고, 그 스트레스는 고스란히 아이에게 전달됩니다. 때로는 나와 내 아이의 마음에 집중하는 것이 정답일 수도 있어요. 일관적이지 못했다고 해서 스스로를 부족한 엄마로 몰아갈 필요는 없다는 얘기랍니다.

육아의 목적은 아이를 훈련시키는 것이 아니에요. 다시 말해 일관성 있는 훈육이란 명목 하에 아이가 엄마의 말을 일관성 있게 듣도록 훈련시키는 게 아니라는 소리죠. 그보다는 엄마가 건강하게 감정을 표현하고 발산하는 일이 더 중요해요. 식습관에 있어서 지정된 한 자리에서 먹기, 편식하지 않고 골고루 먹기, 너무 오래 먹지 않기, 같은 시간에 먹기, 식사량 지키기 같은 규칙에 한해서는 부모의 일관적인 태도가 필요합니다. 하지만 일관성이라는 단어에 빠져 아이의 마음을 놓치는 일이 발생해서는 안 돼요. 밥 안 먹는 아이를 잘 먹게 바꾸는 일보다는 밥 먹기 싫은 아이의 마음을 들여다보고 이해하는 것이 우선이어야 합니다. '그래, 먹기 싫을 수도 있지. 오늘은 기분이 별로인가보다', '입맛이 없는 날도 있지', '어떻게 모든 음식을 다 잘 먹겠어' 이렇게 생각하며 마음을 조금은 내려놓는 자세도 필요해요.

무엇보다도 엄마 자신의 마음을 치유하고 다독이는 시간을 가져야 해요. 스스로 어떠한 상처에 사로잡혀있는 건 아닌지 속마음을 들여다본 뒤 상처를 치유하고 벗어나기 위한 노력의 시간을 가져야 합니다. 그래야 여유를 가지고 아이의 마음도 이해할 수 있어요. '아이를 어떻게 하면 잘 키울 수 있을까?' 이 고민을 하기 전에 자신의 마음을 건강하게 가다듬는 과정을 꼭 가지길 바랍니다.

저는 아이가 밥을 너무 안 먹었을 때, 아이에게 '밥만 먹어주면 소원이 없겠다'며 사정하듯 말하곤 했어요. 제발 입을 조금만 벌려 밥을 먹어주길 바랐거든요. 지금 제 아이는 상상할 수 없을 정도로 잘 먹고 편식도 거의 하지 않아요. 바른 자세로 식탁에 앉아 꽤 많은 양을 먹지요. 예전 일을 생각하면 믿기지 않을 정도의 변화예요. 아이 딴에도 정말 많은 노력을 쏟아 엄마의 소원을 들어준 셈이에요. 그런 아이에게 제가 그 이상 다른 걸 어떻게 바랄 수 있을까요. 그저 식사를 잘 해주는 것만으로도 감사할 따름입니다. 물론 매 순간 완벽한 식사시간을 보내는 건 아니에요. 가끔은 먹기 싫다고 투정도 부리고, 이런저런 핑계를 대며 먹기 싫은 음식을 골라내기도 해요. 하지만 저는 이런 여러 가지 상황들에 대해 아이에게 잔소리를 하지 않기로 했어요. 엄마와 마찬가지로 아이도 일관성 있는 아이가 될 수 없다는 걸 받아들였기 때문이죠. 가끔은 밥맛이 없고, 매일 잘 먹던 시금치도 어떤 날은 괴상하게 보일 수 있어요. 같은 음식이라도 기분에 따라 맛있기도 하고 맛없게 느껴지기도 하는 게 당연하고요. 컨디션에 따라서 갈팡질팡 하는 건 아이도 마찬가지예요.

물론 일관성 있는 육아, 중요합니다. 하지만 일관성에만 집착하지 말자는 얘기를 하고 싶었어요. 마음을 비우고 천천히 아이의 마음에 집중해보세요. 아이는 반드시 변할 거예요. 가끔 아이가 일관적이지 못해도 이해해주세요. 우리도 일관적인 부모가 아니라는 걸 기억하고요. 아이를 가르치고 변화시켜야 한다는 목적의식을 내려놓고 아이와 함께 노력하며 나아간다면 긍정적인 변화는 더 빨리 찾아올 거예요.

나는 엄마 밥이 제일 좋아요

편식 잡는 아이 반찬

아이가 편식을 하면 엄마는 어떻게든 음식을 먹이기 위해 재료를 잘게 다지
거나 푹 익히기도 하고 캐릭터 모양을 만들어 주는 등 재료 본연의 모습을 감
추기 바쁘다. 나는 조금 다른 방법을 택했다. 있는 그대로 보여줘 아이가 재
료와 친해지게 하는 거다. 숨기느냐 그대로 보여주느냐, 성향에 따라 다르겠
지만 아이를 믿고 재료와 친해질 기회를 줘보면 어떨까?

채 소 맛 있 게 먹 이 기

아이들이 채소를 잘 먹지 않으려고 할 경우 맛과 향을
숨겨서 주는 방법과 채소의 온전한 형태를 그대로 보여주는 방법이 있다.
채소를 씹어서 넘기는 걸 힘들어 하는 아이에게는 잘게 다지거나
푹 익혀서 쉽게 먹을 수 있도록 도와주자.

COOK MENU

채소육수

채소를 넣고 육수를 끓여서 다양한 반찬요리에 활용해보세요.
요리의 감칠맛을 살리는 것은 물론이고 채소의 향에 익숙해지는 데 도움이 됩니다.

무 5cm 두께
대파(흰 부분) 5cm 3개
양파 ½개
버섯 약간
다시마 사방 10×10cm 1개
물 1.5~2L

1 모든 재료를 깨끗하게 씻어주세요.

2 냄비에 분량의 물을 붓고 **1**의 재료를 넣어 센 불에서 끓여
주세요. 팔팔 끓어오르면 서서히 불을 줄인 뒤 약불에서
30~40분간 더 끓이고, 건더기를 건져주세요.

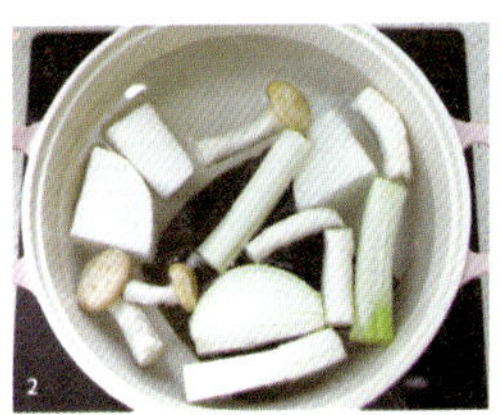

채소구이

채소를 안 먹는 아이들에게 채소의 모습을 숨겨 먹이는 방법마저도 통하지 않았다면
아예 채소 모습 그대로 보여주는 방법을 써보세요.
채소에 경계심을 풀 수 있으며, 다양한 색상에 호기심을 갖고 친해질 계기가 될 수 있답니다.

각종 채소 적당량
식용유 약간

1 각 채소는 0.5cm 두께로 썰어주세요.

2 프라이팬 위에 채소를 올리고 약불에서 앞뒤로 뒤집어가
며 구워주세요. 타거나 눌러 붙을 경우 기름을 살짝 둘러
주세요.

새우젓호박볶음

호박을 채 썰어 새우젓을 넣고 푹 익히면 식감이 부드러워 아이들이 먹기 좋아요.
여기에 새우젓의 감칠맛이 식욕을 돋울 거예요.

애호박 ½개
새우젓 ½큰술
다진 마늘 1작은술
물 ⅓컵

1 잘게 채 썬 애호박을 프라이팬에 올려 센 불에서 볶아주세요.
2 호박의 숨이 살짝 죽으면 새우젓과 다진 마늘, 물을 넣고
  호박이 부드러워질 때까지 볶아주세요.

브로콜리당근새우볶음

알록달록 예쁜 색감이 식욕을 마구 자극해요.
오히려 재료 본연의 색을 더 화려하게 부각시킨 조리법으로
한 번 이상은 손이 가는 반찬이랍니다. 새우만 골라 먹더라도 괜찮아요.

대하 3~4마리
브로콜리 약간
당근 약간
다진 마늘 ½큰술
식용유 약간

만드는 방법

1 대하는 껍질을 벗겨 내장을 제거하고 1cm 크기로 잘라주세요. 브로콜리와 당근도 비슷한 크기로 작게 썰어주세요.

2 프라이팬에 기름을 두르고 다진 마늘을 넣어 볶다가 마늘 향이 올라오면 대하를 넣고 함께 볶아주세요.

3 대하가 붉은 빛을 띠면 브로콜리와 당근을 넣고 함께 볶아주세요. 필요한 경우 소량의 간장이나 소금으로 간해주세요.

TIP **브로콜리 손질부터 데치기까지**

브로콜리는 적당한 크기로 자른 뒤 물에 식초 1큰술을 넣고 5~10분간 담가주세요. 불순물을 제거하는 단계입니다. 그 다음 건져 물기를 털어내고 끓는 물에 브로콜리를 퐁당 빠뜨려 데쳐줍니다. 약 30초~1분 후에 건져주세요.

양배추호두무침

평범한 양배추에 호두와 참기름의 고소함을 입혀보세요.

양배추의 달짝지근한 맛과 호두의 고소한 맛이 딱 어우러져 군침 도는 반찬이 된답니다.

아이들이 싫어하는 호두를 자연스럽게 먹일 수도 있어요.

자른 양배추 1줌
호두 1~2개
된장 1작은술
참기름 1큰술
깨소금 1작은술

만드는 방법

1 양배추는 사방 1cm 크기로 자르고 끓는 물에 넣어 3분 정
도 데쳐주세요.

2 호두는 곱게 빻아주세요.

3 데친 양배추의 물기를 짠 뒤 된장, 다진 호두, 참기름, 깨
소금을 넣고 버무립니다.

1

2

3

상추비빔밥

상추의 쓸쓸한 맛을 싫어하는 아이에게 권하고 싶은 한 그릇 식단이에요.

상추를 아주 잘게 다지듯 잘라주는 게 포인트! 고기와 함께 맛있게 비벼주면 어른들도 침이 꼴깍 넘어가요.

입맛 당기는 고소한 참기름 한 방울까지 더하면 상추를 싫어했던 아이도 관심을 갖기 시작할 거예요.

상추 3장
다진 소고기 40g
간장 1작은술
올리고당 1작은술
참기름 1큰술
통깨 약간

1 상추는 깨끗이 씻어 잘게 다져주세요.
2 프라이팬에 다진 소고기를 넣고 볶다가 갈색 빛으로 변하면 간장과 올리고당을 넣고 뒤적뒤적해주세요. 먹을 때는 밥 위에 상추를 듬뿍 올리고, 그 위에 볶은 고기를 얹은 뒤 참기름과 통깨를 뿌려 비벼주세요.

연근튀김

연근은 아이들이 잘 먹지 않는 식재료죠. 하지만 연근을 튀기면 이야기가 달라집니다.
과자처럼 바삭바삭 맛있어져서 연근을 먹지 않는 아이도 맛있게 먹을 수 있어요.
엄마표 건강 간식으로 이만한 것이 없죠.

연근 200g
전분가루 3큰술
식용유 적당량
소금 약간

1 연근은 껍질을 벗겨 0.3mm 두께로 얇게 썰어주세요. 갈
변 방지를 위해 조리하기 전까지 식초물에 담가두면 좋습
니다.

2 연근을 건져 찬물에 가볍게 헹군 뒤 물기를 털고 전분가루
를 골고루 묻혀주세요. 필요한 경우에만 소금을 조금 뿌려
간해주면 됩니다.

3 기름을 넉넉히 두른 프라이팬에 올리고 센 불에서 재빨리
튀겨주세요. 더 바삭하게 만들고 싶다면 두 번 튀겨주세요.

양배추감자볶음

일반 감자볶음에 양배추를 얇게 채 썰어 함께 볶아보세요.

평소에 양배추를 먹지 않는 아이도 감자와 함께 요리해주면 큰 거부감 없이 먹을 수 있어요.

감자 1개
채 썬 양배추 1줌
당근 ¼개
식용유 약간
소금 약간

1 감자는 채 썬 뒤에 녹말 제거를 위해 물에 5~10분간 담가
두고, 당근도 얇게 채 썰어주세요.

2 양배추도 물에 5~10분간 담갔다가 건져서 물기를 빼주
세요.

3 프라이팬에 기름을 살짝 두르고 감자와 당근을 올려 볶아
주세요. 소금으로 간합니다.

4 감자가 어느 정도 익으면 양배추를 넣고 함께 볶아주세
요. 채소를 잘 못 씹는 아이라면 양배추를 오래 볶아 식감
을 무르게 만들어주면 더 좋아요.

우엉볶음밥

우엉을 달콤하게 조려서 우엉조림을 만들어보세요.

먹지 않으려고 할 경우 잘게 다져서 소고기와 함께 볶음밥을 만들어주세요.

고기와 함께 볶으면 우엉인지도 모르고 먹게 될 거예요.

우엉조림

우엉 150g
식용유 약간
간장 2큰술
올리고당 1큰술
물 1컵

우엉볶음밥

우엉조림 1줌
다진 브로콜리 1줌
다진 소고기 40g
밥 1공기

만드는 방법

1 우엉은 껍질을 벗기고 먹기 좋은 크기로 자른 뒤 식초물에 담갔다가 건져내 헹궈주세요. 그 다음 끓는 물에 1~2분간 데쳐주세요.

2 프라이팬에 기름을 두르고 데친 우엉, 간장, 올리고당을 넣고 한 번 볶은 뒤 물 1컵을 조금씩 나눠 부어가며 조려주세요.

3 완성된 우엉조림을 작게 다진 뒤에 다진 소고기와 함께 볶아주세요.

4 여기에 다진 브로콜리를 넣고 함께 볶아주세요.

5 브로콜리의 숨이 죽으면 밥을 넣고 한 번 더 볶아주세요.

TIP 우엉 손질법

우엉을 가볍게 씻은 뒤 필러로 껍질을 벗겨주세요. 그 다음 먹기 좋은 크기로 자르고 식초 1~2큰술을 넣은 물에 푹 담가 10~15분간 둡니다. 이렇게 하면 우엉의 갈변을 막을 수 있고 특유의 흙냄새를 없앨 수 있어요.

당근전

빨간 당근전의 색이 시각을 자극해요. 아이들의 호기심을 불러 일으키는 반찬입니다.
만들기도 쉬워서 아이와 함께 만들어 보기도 좋아요.

재료

당근 ½개
밀가루 ½컵
물 5큰술
소금 약간
식용유 약간

만드는 방법

1 당근은 채칼을 사용해 가늘게 채 썰어주세요.

2 볼에 밀가루, 물, 소금, 채 썬 당근을 넣고 조물조물 섞어
주세요.

3 프라이팬에 기름을 두르고 반죽을 1큰술씩 올려 얇게 부
쳐주세요.

시금치잣무침

아이가 시금치를 안 먹는다면 고소한 잣으로 식욕을 돋아보세요.
고소한 맛과 향이 더해져 시금치도 맛있게 먹을 수 있을 거예요.

시금치 250g
다진 잣 1큰술

양념
참기름 1큰술
까나리액젓 ½큰술
깨소금 약간

1 시금치는 끓는 물에 넣고 1~2번 정도 빠르게 뒤적거린 뒤
  에 바로 건져내는 정도로만 데쳐주세요.
2 찬물에 헹군 뒤 물기를 꼭 짜고 먹기 좋은 크기로 잘라주
  세요. 그 다음 분량의 양념과 다진 잣을 넣고 조물조물 무
  쳐주세요.

TIP 양념에 액젓을 사용하면 어린 아이들에겐 자칫 짜게 느껴질
수도 있어요. 액젓 대신 국간장을 넣어도 괜찮답니다.

오이피클

새콤달콤한 맛의 밥도둑 오이피클입니다. 아이부터 어른까지 식욕을 돋우기 너무 좋아요.
밥반찬으로도 좋고 간식을 먹을 때 곁들여도 좋지요.

오이 2개
물 1컵
설탕 ½컵
식초 ½컵
소금 1큰술

만드는 방법

1 오이는 표면을 굵은 소금으로 문질러 깨끗하게 씻은 뒤 2cm 두께로 잘라주세요. 그 다음 각각의 조각들을 4등분 해주세요.

2 냄비에 물, 설탕, 식초, 소금을 넣고 팔팔 끓여주세요.

3 끓는 동안 유리 용기에 자른 오이를 꾹꾹 눌러 담아주세요.

4 끓는 피클 소스를 **3**에 가득 부어주세요. 실온에서 하루 정도 두었다가 냉장 보관하면 됩니다.

TIP 유리 용기 열탕 소독법

피클 담을 유리 용기는 미리 깨끗하게 소독해주면 좋아요. 냄비에 찬물을 담고 유리 용기를 뒤집어 올린 뒤에 팔팔 끓여주세요. 찬물에서부터 병을 넣고 함께 끓여야 유리가 깨지지 않아요. 끓어오르면 약불로 줄인 다음 3~4분간 두었다가 병을 건져내고, 물기를 바짝 말린 뒤에 사용하면 됩니다.

1-1

1-2

2

3

4

양파장아찌

양파를 안 먹는 아이들이 꽤 많지요.
그럴 땐 양파를 장아찌로 변신시켜보세요. 갓 지은 흰밥 한 숟가락 떠 장아찌를
한 조각씩 얹어주면 새콤달콤한 맛에 반해 양파인지 모르고 잘 먹을 거예요.

재 료

양파 3개
물 2컵
간장 1컵
식초 1컵
설탕 1컵

만드는 방법

1 양파는 2~3cm 길이로 토막 썰어주세요.

2 냄비에 물, 간장, 식초, 설탕을 넣고 팔팔 끓여주세요.

3 끓는 동안 열탕 소독한(p.163) 유리 용기에 양파를 꾹꾹
눌러 담아주세요.

4 끓는 장아찌 소스를 **3**에 가득 부어주세요. 실온에서 하루
정도 두었다가 냉장 보관하면 됩니다.

데친 채소와 들깨소스

채소를 무조건 숨기고 감추기보다 본연의 모습 그대로 아이에게 보여주세요.
냄새도 맡고 색깔과 생김새도 관찰하다보면 과감하게 한입 맛보고 싶은 용기도 생길 거예요.
향긋한 들깨소스를 곁들여 아이들의 후각을 자극하는 것도 좋은 방법입니다.

재 료

각종 채소 적당량

들깨소스

들깨가루 1큰술

다진 견과류 1큰술

물 2큰술

간장 ½큰술

올리고당(또는 꿀) ½큰술

들기름(또는 참기름) ½큰술

만드는 방법

1 각종 채소들은 깨끗하게 씻은 뒤 4~5cm 길이로 잘라주세요.

2 분량의 재료를 모두 섞어 들깨소스를 만들어주세요.

3 자른 채소들은 끓는 물에 1~2분 정도 데친 뒤 소스와 함께 예쁘게 담아주세요.

고기 맛있게 먹이기

고기는 살코기 위주로 소량씩 구입해 신선한 상태에서 조리하는 것이 좋아요.
아이가 고기를 잘 못 씹는다면 다짐육을 이용하거나 또는 소고기를 얇게 굽거나
데쳐서 곱게 다진 뒤 양념처럼 사용하면 돼요. 아이가 잘 먹는 반찬이나 국에
소고기 가루를 조금씩만 뿌리면 서서히 소고기 향에 익숙해진답니다.

COOK MENU

소고기가루

고기를 잘 먹지 않는 아이들에게 권하고 싶어요.
소고기로 가루를 내서 아이가 좋아하는 반찬에 양념처럼 조금씩 뿌려주세요.
맛이 강하게 나지 않도록 조금씩만 뿌리는 게 좋아요.
천천히 고기와 가까워질 수 있도록 도와주세요.

소고기 안심(또는 등심) 50g

1 소고기를 얇게 잘라 구워주세요.

2 구운 소고기는 칼로 곱게 다지거나 믹서기로 갈아주세요.

1

2

TIP 소고기가루 맛있게 먹이기

아이가 좋아하는 반찬이나 밥 위
에 조금씩 뿌려서 비벼주세요. 잘
게 다진 소고기라 식감이 한결 나
아져서 맛있게 먹을 수 있어요.

소고기육수

고기를 싫어하는 아이에게 조금씩 접근할 때 활용하면 좋아요.

요리하기 힘든 날, 소고기육수에 떡이나 면을 넣고 끓이기만 해도 간단히 한 끼를 만들 수 있어요.

소고기(사태, 양지 등) 100g
양파 ¼개
대파(흰 부분) 5cm 1개
물 1L

1 소고기는 물에 20~30분간 담가 핏물을 빼주세요.

2 냄비에 분량의 물과 소고기, 양파, 대파를 넣고 센 불에서 팔팔 끓여주세요.

3 끓기 시작하면 약불로 줄여 30~50분 정도 더 끓인 뒤 건더기 및 거품을 걸러주세요.

닭고기육수

닭고기육수는 여러 요리에 감칠맛을 살리는 데 탁월하답니다.
불린 쌀과 닭살을 발라서 함께 끓이면 간단하게 닭죽도 만들 수 있어요.

닭(가슴살, 닭다리 등) 150g
양파 ¼개
대파(흰 부분) 5cm 1개
물 1L

1 닭고기는 깨끗하게 씻어 지방을 제거해주세요.

2 냄비에 분량의 물과 닭고기, 양파, 대파를 넣고 센 불에서 팔팔 끓여주세요.

3 끓기 시작하면 약불로 줄여 30~40분 정도 더 끓인 뒤 건더기 및 거품을 걸러주세요.

TIP 닭고기 잡내 제거하기

닭고기에 붙은 지방을 제거하고 흐르는 물에 씻은 뒤 우유에 퐁당 담가주세요. 우유에 약 20분 정도 담가두면 닭 특유의 잡내가 사라집니다.

다진소고기튀김

소고기를 먹기 싫어하는 아이에게는 튀김이 답이죠.

바삭바삭하게 튀김옷을 입혀주면 고기 맛이 도드라지지 않고 맛도 있어요.

무엇보다 간단하게 만들 수 있어서 더 좋아요.

다진 소고기 50g
전분가루 1큰술
소금 · 후추 약간씩
식용유 적당량

만드는 방법

1 다진 소고기는 키친타월로 꾹꾹 눌러 핏물을 빼고, 소금
과 후추를 넣어 조물조물 밑간해주세요.

2 여기에 전분가루를 넣고 한 번 더 버무려주세요.

3 냄비에 식용유를 넉넉히 붓고 예열한 뒤 소고기를 넣고 튀
겨주세요. 더 바삭하게 만들고 싶다면 두 번 튀겨주세요.

소고기무나물

소고기와 함께 무를 푹 익히면 달짝지근한 반찬이 탄생됩니다.
아이에게 소고기와 무나물을 함께 먹일 수 있다는 것이 좋아요.
부드러운 식감이라 어린 아기들이 씹어 넘기기도 수월해요.

다진 소고기 40g
무채 1줌
참기름 1큰술
다진 마늘 1작은술
물 ½컵
소금 약간

1 프라이팬에 다진 소고기를 넣고 볶아주세요.

2 고기 색이 갈색으로 변할 때쯤 작게 썬 무채와 참기름, 다
진 마늘, 소금을 넣고 함께 볶아주세요.

3 재료들이 잘 섞이면 여기에 물을 붓고 뚜껑을 덮은 채로
물이 졸아들 때까지 약불에서 푹 익혀주세요.

돼지고기목살조림

입맛 없는 아이를 위해 조금은 특별한 반찬이 필요한 날, 돼지고기목살조림은 어때요?

조리법도 간단하고 맛도 있어 별식으로 느껴지는 반찬이에요.

밥 안 먹겠다고 하는 아이도 엄지손가락 척 올리며 '밥 더줘!'를 외치게 만들 메뉴랍니다.

돼지고기 목살 120g
식용유 약간

양념
간장 1½큰술
올리고당 1큰술
참기름 1큰술
다진 마늘 ½큰술
후추 약간

만드는 방법

1 프라이팬에 기름을 살짝 두르고 고기를 얹어 앞뒤로 구워 주세요.

2 분량의 재료를 섞어 양념을 만들어주세요.

3 잘 구운 고기를 먹기 좋은 크기로 자르고 다시 프라이팬에 올려주세요. 여기에 양념을 부어주세요.

4 양념이 졸아들 때까지 볶아주세요.

소고기단호박조림

매번 쪄 먹던 단호박을 조금 색다르게 변신시켜 봐요.
소고기와 함께 조리해 반찬으로 만들어보는 거예요.
단호박 자체의 달달한 맛이 소고기와 잘 맞아 아이는 물론이고
어른 입맛까지 돋우는 매력 반찬이 된답니다.

재료

소고기 40g
단호박 1줌
물 3큰술

양념

간장 2작은술
설탕 1작은술
참기름 1작은술

만드는 방법

1 소고기와 단호박은 사방 1cm 크기로 썰어주세요.

2 프라이팬에 소고기를 넣고 볶다가 고기의 색이 살짝 변할 때쯤 분량의 양념을 붓고 섞어주세요.

3 여기에 단호박과 물 3큰술을 넣고 뒤적거린 뒤 조려주세요.

간장닭볶음

파프리카와 피망의 알록달록한 색감을 살린 메뉴예요.
채소를 싫어하는 아이라고 해도 시각적으로 예뻐 보이는 음식에는 호기심을 갖게 된답니다.
닭고기와 함께 먹으니 영양 면에서도 든든합니다.

닭안심살 100g
우유 ½컵
각종 채소 적당량

간장 양념
간장 1큰술
올리고당 ½큰술
참기름 1큰술
다진 마늘 1작은술

1 닭은 깨끗하게 씻어 우유에 담가두세요.

2 분량의 재료를 섞어 양념을 만들어주세요.

3 닭고기를 건져 깨끗한 물에 가볍게 씻어내고 1cm 크기로 썰어서 기름을 살짝 두른 프라이팬에 볶아주세요.

4 만들어둔 양념과 작게 썬 채소를 프라이팬에 넣고 함께 볶아주세요.

닭고기샐러드

양상추를 잘게 잘라 닭고기와 함께 얹고 엄마표 소스를 곁들이면
아이의 시각과 후각을 자극하는 맛있는 샐러드가 된답니다.
엄마표 소스의 향긋함으로 아이의 입맛을 사로잡을 수 있을 거예요.

닭안심살 100g
우유 ½컵
소금 · 후추 약간씩
양상추 3~4장
식용유 약간

소스

간장 1큰술
매실액 1큰술
참기름 ½큰술
설탕 1작은술
깨소금 약간

만드는 방법

1 닭은 깨끗하게 씻어 우유에 담가두세요.

2 닭고기를 건져 깨끗한 물에 가볍게 씻어내고 소금과 후추
로 밑간을 한 뒤 기름을 살짝 두른 프라이팬에 올려 구워
주세요.

3 양상추는 잘게 채 썰고, 구운 닭고기는 먹기 좋은 크기로
썰어주세요.

4 양상추 위에 닭고기를 얹고 분량의 소스를 뿌려주세요.

소고기두부조림

자주 먹는 두부에 소고기만 추가해도 새로운 요리가 완성돼요.
고기와 두부를 함께 먹을 수 있도록 요리했어요.

두부 ¼모
다진 소고기 40g
물 3~4큰술

소고기양념
간장 ½큰술
참기름 ½큰술
설탕 1작은술
통깨 1작은술

만드는 방법

1 다진 소고기는 키친타월로 눌러 핏물을 제거하고, 분량의
소고기양념을 부어 조물조물 섞어주세요.

2 프라이팬에 1cm 두께로 썬 두부를 올려 앞뒤로 노릇하게
구워주세요.

3 여기에 **1**과 물 3~4큰술을 넣고 조려주세요.

1

2

3

닭봉구이

닭봉구이는 온 가족이 함께 먹을 수 있는 별식이에요.
닭봉에 엄마표 양념을 입혀 구우면 아이들도 아빠도 정말 좋아해요.
서로 먹겠다고 투덕거릴 정도라니까요.

닭봉 500g

간장소스
간장 1큰술
다진 마늘 1큰술
매실액 1큰술
올리고당 1큰술
참기름 ½큰술

만 드 는 방 법

1 분량의 재료를 섞어 간장소스를 만들어주세요.
2 손질된 닭봉은 간장소스에 재운 뒤 180도로 예열한 오븐
혹은 기름을 두른 프라이팬에 올려 구워주세요.

1

2

치즈함박스테이크

마땅한 반찬이 없는 날, 고민하지 말고 냉장고에서
스테이크 하나 꺼내 지글지글 구워주세요. 마지막에 아기치즈 한 조각 올려서
온기에 녹여주면 더할 나위 없이 맛있는 일등 반찬이 됩니다.

다진 소고기 50g
빵가루 1큰술
전분가루 ½큰술
다진 양파 · 다진 파 약간씩
식용유 약간
아기치즈 ¼장

소고기 양념
간장 1작은술
참기름 1작은술
설탕 1작은술

만드는 방법

1 핏물을 제거한 소고기는 분량의 양념과 섞은 뒤 볼에 담고, 여기에 빵가루, 전분가루, 다진 양파와 다진 파를 넣어 반죽하며 치대주세요.

2 반죽을 동글납작하게 빚은 뒤 기름을 두른 프라이팬에 올려 앞뒤로 구워주세요.

3 반죽이 다 익으면 위에 아기치즈를 올려주세요.

4 불을 끈 뒤 뚜껑을 닫고 남은 열기로 치즈를 살짝 녹여주세요.

토마토미트볼

토마소소스 만들기는 생각보다 쉬워요.

건강한 엄마표 토마토소스를 만들어 미트볼과 함께 볶아주세요.

맛과 영양, 비주얼까지 만족시키는 특식이 탄생합니다.

미트볼 8~10개
식용유 약간

토마토소스
방울토마토 6~7개
다진 양파 약간

1 치즈함박스테이크(p.193) **1**번 과정과 동일하게 진행한 뒤 반죽을 한입 크기로 동글동글하게 빚어주세요. 반죽은 기름을 두른 프라이팬에 올려 굴려가며 구워주세요.

2 방울토마토에 칼집을 내고 끓는 물에 살짝 데쳐 껍질을 벗겨주세요. 다진 양파와 함께 프라이팬에 넣고 볶아서 토마토소스(50g 정도)를 만들어주세요.

3 여기에 **1**의 미트볼을 넣고 골고루 저어가며 섞어주세요.

아기삼계탕

어른이 먹을 삼계탕을 아이에게 그대로 먹이는 건 부담스럽죠.

이럴 땐 아이 전용 삼계탕이 있어요. 원하는 재료를 소량씩만 넣어서 닭과 함께 끓이면 끝!

간단하게 만들 수 있지만 맛은 간단치 않은 속 든든한 메뉴랍니다.

닭(가슴살, 닭다리 등) 100g
물 3~4컵
마늘 1개
황기 5cm 1개
대추 1개

1 황기, 대추, 마늘은 깨끗이 씻어주세요.
2 냄비에 분량의 물과 손질한 닭고기, 나머지 재료를 모두
넣고 센 불에서 끓이다가 끓으면 서서히 약불로 줄여가며
30분 정도 더 끓여주세요.

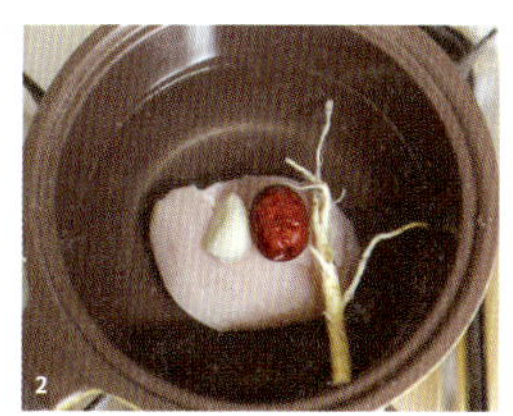

해산물 맛있게 먹이기

아이들 영양 보충에 좋은 재료이지만 바다의 비릿한 향이
거슬려 꺼려하는 아이들이 많아요. 해물은 조리하기 전에 소금물에
해감하는 등의 전처리 과정을 통해 비릿함을 잡아주면 좋답니다.
여기에 맛있는 조리법으로 아이들이 해물과 친해질 수 있게 도와주세요.

조갯살호박부침개

새우전 ★

카레고등어구이 ★

바지락된장국

해물양배추볶음

새우뭇국

고등어깻잎조림

마늘오징어볶음밥 ★

바지락죽

해물완자구이 ★

조갯살호박부침개

친근한 호박부침개에 조갯살이 더해지니 감칠맛이 배가 돼요.
쫄깃한 식감마저도 사랑스럽지요. 조개를 좋아하는 아이에게는 자르지 않은 채로 넣어주고,
안 좋아하는 아이에게는 잘게 다져서 넣어주는 센스!

조갯살 ⅓컵
애호박 ⅓개
양파 약간
밀가루 ½컵
물 ½컵
식용유 약간

1 호박과 양파는 가늘게 채 썰어주세요.

2 조갯살은 아이가 먹기 좋게 잘라주고, 큰 볼에 호박, 양파, 조갯살을 함께 담아주세요.

3 밀가루와 물을 섞어 반죽을 만든 뒤에 **2**에 부어서 잘 섞어주세요.

4 프라이팬에 기름을 두르고 반죽을 1큰술씩 얹어 앞뒤로 노릇하게 부쳐주세요.

새우전

새우전은 새우튀김보다 간단하게 만들 수 있어서 좋아요.
쫀득쫀득한 식감이 먹는 즐거움을 주지요.
새우전을 할 때는 말리지 않도록 가로로 칼집을 내주세요.

새우 150g(10여 개)
달걀 1개
밀가루 ½컵
소금 약간

1 새우는 깨끗이 씻어서 껍질을 벗겨주세요.

2 등 쪽에 세로로 칼집을 넣어 내장을 제거해주고 몸통을 펼친 뒤에 가로로 칼집을 두세 번 내주세요. 기호에 따라 소금을 살짝 뿌려도 됩니다.

3 손질된 새우는 앞뒤로 밀가루 옷을 입힌 뒤 달걀물에 퐁당 담가 골고루 묻혀주세요.

4 프라이팬에 기름을 살짝 두르고 새우를 올려 앞뒤로 노릇노릇하게 부쳐주세요.

카레고등어구이

밥상에 자주 오르는 고등어구이를 조금 색다르게 구워보세요.

카레가루와 밀가루를 묻혀서 기름에 구워내면 좀 더 특별한 고등어구이가 된답니다.

늘 먹던 맛이 싫증날 때, 색다른 느낌을 주고 싶을 때 좋아요.

고등어 ½마리
밀가루 2큰술
카레가루 2큰술
식용유 약간

1 밀가루와 카레가루를 섞은 뒤 고등어에 앞뒤로 꼼꼼히 묻
  혀주세요.
2 프라이팬에 기름을 살짝 두르고 고등어를 올려 노릇노릇
  앞뒤로 구워주세요.

바지락된장국

자주 먹는 된장국에 바지락만 넣고 끓여도 확 다른 맛과 향을 느낄 수 있어요.
개운하고 시원한 국물 맛에 아이들도 손뼉 치며 좋아하지요.
온 가족이 함께 즐길 수 있는 국이랍니다.

멸치다시마육수 3컵

바지락 150g

애호박 1줌

버섯 1줌

된장 1~2큰술

만드는 방법

1 바지락은 깨끗이 씻어주세요.

2 버섯과 호박은 사방 1cm 크기로 작게 잘라주세요.

3 육수에 된장과 바지락을 넣고 팔팔 끓여주세요.

4 끓어오르면 호박과 버섯을 넣고 한 번 더 끓여주세요.

TIP **바지락 해감법**

깨끗한 물에 바지락을 박박 여러 번 씻어주세요. 물에 굵은 소금을 넉넉히 넣고 완전히 녹여주세요. 짭조름한 맛이 느껴질 정도로 농도를 맞춰주어야 해요. 여기에 바지락을 넣고 까만 비닐봉투로 감싼 뒤 서늘한 곳에 약 2~3시간 정도 두면 된답니다.

해물양배추볶음

해물은 잘게 다지고 양배추는 가늘게 채 썰어서 함께 볶으면
아삭아삭한 양배추에 해물의 감칠맛이 배여서 더 맛있어져요.
양배추를 잘 먹지 않는 아이도 반할 수밖에 없는 맛이에요.

각종 해물(새우, 오징어 등) 100g
다진 마늘 1작은술
간장 ½큰술
올리고당 ½큰술
식용유 약간
양배추 1줌
팽이버섯 1줌

1 각종 해물은 약 1cm 크기로 작게 썰어주세요.

2 프라이팬에 기름을 살짝 두르고 다진 마늘을 넣어 볶다가
해물, 간장, 올리고당을 넣고 함께 볶아주세요.

3 양배추와 팽이버섯도 3~4cm 크기로 작게 채 썰어 넣고,
센 불에서 빠르게 볶아주세요.

새우뭇국

무국에 새우를 넣어 시원하게 끓여봤어요.
맑은 국이라 아이들이 먹기도 좋지만 어른들 입맛에도 딱이랍니다.
아이는 그냥 먹고 어른은 청양고추를 넣어서 한 번 더 끓여 드세요.

멸치다시마육수 3컵
새우 5마리
무·대파 약간씩
다진 마늘 1작은술
국간장 1큰술

1 무를 나박 썰기로 작게 자른 뒤 냄비에 육수와 함께 넣고 팔팔 끓여주세요.

2 새우는 껍질을 벗겨 내장을 제거한 뒤 작게 썰고, 국이 끓어오르면 넣어주세요.

3 다진 마늘, 국간장, 대파를 넣고 팔팔 끓여주세요.

고등어깻잎조림

고등어조림을 할 때 비린맛 때문에 아이가 잘 먹지 않으려고 한다면 깻잎을 넣어 조려보세요.

깻잎의 향이 비린내를 확 잡아주고 향긋함이 더해져서 맛있답니다.

깻잎을 먹이는 효과까지 있으니 더 좋지요.

고등어 1마리
깻잎 6~8장
물 1컵

간장 1큰술
올리고당 1큰술
다진 마늘 ½큰술
참기름 ½큰술
다진 파 1줌

만드는 방법

1 분량의 재료를 모두 섞어 양념을 만들어주세요.

2 냄비에 손질된 고등어의 속이 보이게 넣고, 그 위에 양념을 골고루 부어주세요.

3 물 ½컵을 붓고 센 불에서 시작해 끓어오르면 물 ½컵을 마저 부은 뒤 약불로 줄여 계속 끓여주세요.

4 양념이 거의 졸았을 때 채 썬 깻잎을 넣고 뚜껑을 닫은 뒤 약불에서 좀 더 익혀주세요. 이때 양념이 깻잎에도 밸 수 있게 국물을 떠서 얹어주세요.

마늘오징어볶음밥

오징어와 마늘의 향을 살려 만든 볶음밥이에요.

아이가 오징어를 잘 먹는다면 조금 크게 썰어주어도 좋지만 잘 먹지 못한다면

잘게 다져서 부드럽게 먹을 수 있게 해주세요.

오징어(몸통) ⅓개
통마늘 1개
각종 채소 1줌
밥 ⅔공기
식용유 약간
간장(또는 소금) 약간

1 오징어는 껍질을 벗겨 사방 1cm 크기로 작게 썰고, 마늘
은 작게 다지듯이 썰어주세요.

2 프라이팬에 기름을 살짝 두르고 마늘부터 볶다가 마늘향
이 올라오면 오징어를 넣고 함께 볶아주세요.

3 다진 채소를 넣고 함께 볶아주세요.

4 밥을 넣고 잘 섞으며 볶아준 뒤 기호에 따라 간장이나 소
금으로 간해주세요.

바지락죽

바지락살을 잘게 다지고 불린 쌀을 넣어 죽을 끓여보세요.

아이가 입맛이 없어할 때 끓여주면 부드럽게 잘 넘긴답니다.

채소는 너무 많은 양을 넣지 말고 간단하게 2가지 정도만 넣어 바지락 본연의 맛을 살려주세요.

재료

바지락살 100g(약 2줌)
쌀 ⅔컵
각종 채소 1줌
다진 마늘 1큰술
참기름 약간
물 2½~3컵

만드는 방법

1 쌀은 깨끗이 씻은 뒤 물에 담가 30분 이상 불려주세요.

2 바지락살은 깨끗이 씻어 물기를 제거한 뒤에 작게 다져주세요.

3 냄비에 참기름과 다진 마늘, 바지락살을 넣고 볶다가 불린 쌀을 넣고 함께 볶아주세요.

4 쌀이 투명해지면 물을 붓고 센 불에서 끓여주세요.

5 끓어오르면 불을 서서히 줄이고 다진 채소를 넣은 뒤 약불에서 채소가 익을 때까지 끓여주세요.

해물완자구이

집에서 만든 해물완자구이는 아이에게 언제나 인기 만점이지요.
건강함을 담은 엄마표 완자구이로 아이의 입맛 역시 엄마표로 만들어주세요.

새우 4~5개
오징어(몸통) 1개
다진 양파 약간
다진 당근 약간
전분가루 3큰술
달걀 1개
소금 약간

1 새우는 껍질을 벗겨 내장을 제거하고, 오징어는 껍질을
벗겨서 듬성듬성 썰어주세요.

2 새우와 오징어를 믹서기로 갈아주세요. 덩어리가 약간 남
아있는 정도로 갈아주는 것이 좋아요.

3 볼에 전분가루, 달걀, 다진 양파와 다진 당근, 소금을 넣고
섞어 반죽을 만들어주세요.

4 프라이팬에 기름을 살짝 두르고 반죽을 1큰술씩 동그랗고
두툼하게 올려 앞뒤로 노릇하게 부쳐주세요.

달걀 맛있게 먹이기

달걀 요리는 다양한 방법으로 변형이 가능하다는 장점이 있어요.
달걀프라이를 하는 것 외에 달걀찜, 장조림, 볶음, 부침개 등 다양한 방법으로
조리법을 바꿔서 내 아이에게 맞는 요리를 찾아보세요. 또한 아이가 좋아하는 음식과
달걀을 조화시키는 레시피도 효과가 좋답니다.

COOK MENU

달걀간장볶음밥

치즈오믈렛

달걀장조림

당근달걀말이 ⭐

달걀호박볶음

달걀밥찜 ⭐

팽이버섯부추전

감자버섯달걀국

치즈달걀김밥

달걀순두부국

달걀김치덮밥

달걀피자 ⭐

스크램블에그버거 ⭐

달걀식빵

달걀간장볶음밥

달걀을 풀어 익기 전에 밥과 함께 볶아주면 밥알에 달걀물이 코팅되어 고슬고슬한 볶음밥이 됩니다.
달걀을 안 먹는 아이라면 달걀 덩어리가 보이지 않아 거부감을 줄이는 데 도움이 돼요.

달걀 1개
밥 1공기
식용유 약간
참기름 1큰술
간장 ½~1큰술
통깨 약간

1 달걀을 풀고 기름을 두른 프라이팬에 부어주세요.

2 달걀이 익기 전에 밥을 넣고 함께 볶아주세요.

3 참기름, 간장, 깨를 넣고 한 번 더 볶아주세요.

치즈오믈렛

달걀에 우유와 치즈를 넣어 부드러운 치즈오믈렛을 만들어보세요.
치즈와 우유가 조화롭게 어우러져 입 안 가득 퍼지면 늘 먹던 달걀보다
훨씬 더 부드러운 맛을 느낄 수 있어요.

달걀 2개
우유 3큰술
식용유 약간
소금 약간
피자치즈 1줌

1 달걀에 우유와 소금을 넣어서 푼 뒤 기름을 두른 프라이
  팬에 부어 넓게 부쳐주세요.
2 아랫면이 살짝 익으면 젓가락으로 살살 굴려 ⅓ 가량 접어
  준 뒤 가운데 부분에 치즈를 올려주세요.
3 그대로 반으로 접어 모양을 예쁘게 잡아주세요.

달걀장조림

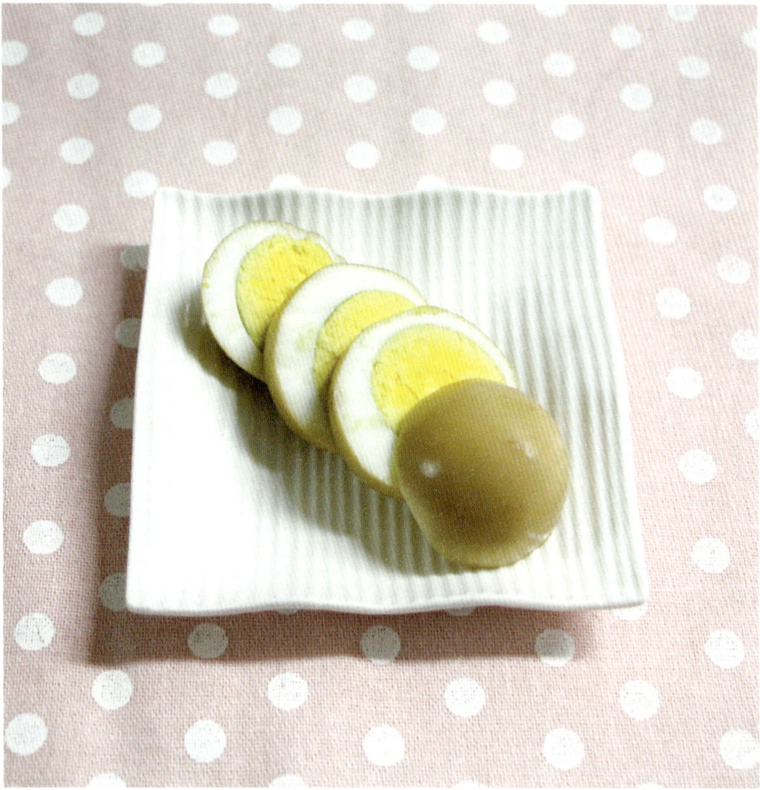

말이 필요 없는 밥도둑 달걀장조림입니다.
삶아서 달짝지근하게 조리면 입맛 돋우는 좋은 반찬이 되지요.

달걀 5개

간장양념

간장 3큰술

올리고당 1큰술

물 1컵

대파·다시마·양파 약간씩

1 달걀을 삶아주세요.

2 분량의 재료로 만든 간장양념과 껍데기를 벗긴 삶은 달걀
을 냄비에 넣고 조려주세요. 불은 센 불에서 시작해 서서
히 줄여줍니다. 중간 중간 달걀을 굴려 양념이 골고루 배
이게끔 해주세요.

당근달걀말이

편식하는 아이들에게는 색감을 자극하는 것도 중요한 방법이 됩니다.
늘 먹던 달걀말이에 당근으로 빨간 색감을 더해주면 아이도 호기심을 갖고 바라볼 거예요.
익숙한 반찬에서 약간의 변화만 주어도 아이들은 새롭게 느낀답니다.

달걀 2개
당근 ⅓개
다진 양파 약간
다진파 약간
소금 약간
식용유 약간

만드는 방법

1 달걀에 소금과 다진 파, 다진 양파를 넣고 잘 섞어주세요.

2 당근은 채칼로 작게 채 썰어주세요.

3 기름을 두른 프라이팬에 달걀물의 ½분량을 넓게 붓고 바닥이 익기 시작하면 한쪽 끝에 채 썬 당근을 일렬로 얹어주세요.

4 끝에서부터 돌돌 말아 프라이팬 한쪽 끝에 밀어놓고, 남은 달걀물을 전부 부어주세요. 어느 정도 익으면 아까 말아둔 계란말이와 합쳐서 돌돌 말아주세요.

달걀호박볶음

평범한 호박볶음에 달걀 하나만 추가해도 색다른 반찬이 됩니다.
다른 재료가 필요 없어 간단하게 만들 수 있으면서도 영양만점인 반찬이에요.
호박도 먹고 달걀도 먹고 또 함께 먹는 재미도 있어요.

애호박 ⅓개
달걀 1개
식용유 약간
소금 약간

1 호박은 작고 얇게 썰어 프라이팬에 기름을 두르고 볶아주
세요.
2 호박이 익으면 구석으로 밀어두고, 빈 곳에 달걀물을 부어
볶아주세요.
3 달걀이 반쯤 익었을 때 호박과 함께 섞어 볶아주세요. 소
금으로 간을 해주세요.

달걀밥찜

바쁜 아침 시간에 권하고 싶은 소화 잘 되는 식단이에요.
달걀을 풀어 여기에 다진 채소와 밥을 넣고 찜을 하면 부드러워 먹기 좋아요.
달걀을 싫어하는 아이라도 부드러운 밥의 식감에 편안하게 먹을 수 있을 거예요.

달걀 1개
밥 ⅔공기
물 ½컵
우유 ⅓컵
당근 · 대파 약간씩
소금 약간

만드는 방법

1 냄비에 달걀, 물, 우유, 소금을 넣고 섞은 뒤 밥을 넣고 뒤
적거려주세요.

2 대파와 당근을 잘게 다져 넣고 골고루 섞어주세요.

3 뚜껑을 닫고 약불에서 익히다가 2~3분 뒤 뚜껑을 열고 저
어주세요. 다시 뚜껑을 닫고 2~3분간 더 익혀주세요.

팽이버섯부추전

팽이버섯의 쫄깃한 식감을 살려 전을 부쳐보세요.

여기에 부추를 조금만 섞어서 채소 싫어하는 아이도 자연스럽게 접할 수 있도록 도와주세요.

달걀 1개
밀가루 2큰술
팽이버섯 1줌
부추 약간
소금 약간
식용유 약간

만드는 방법

1 팽이버섯과 부추는 1cm 크기로 잘게 썰어주세요. 이때 부추의 양은 팽이버섯의 반 정도면 충분합니다.

2 볼에 팽이버섯과 부추, 달걀, 밀가루, 소금을 넣고 섞어서 반죽을 만들어주세요.

3 프라이팬에 기름을 두르고 반죽을 먹기 좋은 크기로 올려 노릇노릇하게 부쳐주세요.

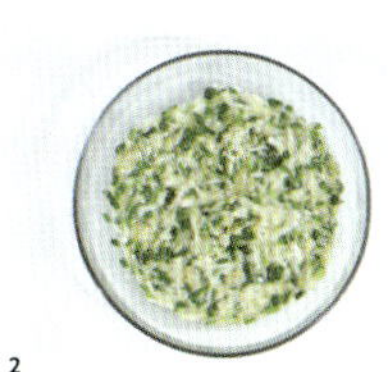

감자버섯달걀국

보슬보슬한 감자국에 달걀을 풀어서 맑고 깔끔하게 먹게 했어요.
감자와 달걀이 어우러지면서 부드러운 식감이 입안에 솔솔 퍼져요.
어린 아이가 먹기 좋은 국이랍니다.

감자 1개
달걀 1개
팽이버섯 1줌
대파(흰 부분) 약간
국간장 약간
멸치다시마육수 3컵

만드는 방법

1 달걀을 풀고, 감자는 껍질을 벗겨 사방 1.5cm 크기로 깍
　둑썰기해주세요.
2 냄비에 육수와 감자를 넣고 팔팔 끓여주세요.
3 끓어오르면 달걀물을 원을 그리듯 풀어 넣고, 팽이버섯을
　3~5cm 크기로 썰어 넣어주세요.
4 감자가 다 익으면 대파를 송송 썰어 넣고, 필요한 경우 국
　간장이나 소금으로 간해주세요.

치즈달걀김밥

좀 더 간편하면서도 별식처럼 먹을 수 있는 김밥 레시피예요.
밥 안에 치즈를 넣어 감칠맛을 살렸고요. 겉에 돌돌 말은 달걀이 재미를 주지요.
소풍 도시락으로도 딱이랍니다.

재료

달걀 1개
김밥용 김 1장
밥 1공기
아기치즈 1장

밥 양념

참기름 1큰술
식초 ½큰술
소금 · 깨소금 약간씩

만드는 방법

1 밥에 분량의 양념 재료를 모두 넣고 골고루 버무려주세요.

2 김을 반으로 잘라 그 위에 밥을 평평하게 펼친 뒤 아기치즈를 길게 잘라 중앙에 올려주세요.

3 김발로 꼭꼭 눌러서 말아주세요.

4 프라이팬에 달걀물을 넓게 부어 부친 뒤 바닥이 살짝 익었을 때 **3**을 올리고 돌돌 말아주세요.

달걀순두부국

부드러운 식감의 대표주자 순두부와 달걀이 만났어요.
이가 많이 나지 않은 어린 아기도 편안하게 먹을 수 있답니다.
아이가 국 한 그릇 맛있게 뚝딱해주면 엄마 마음도 든든해져요.

멸치다시마육수 3컵
순두부 1모
달걀 1개
대파 약간

1 냄비에 육수와 순두부를 넣고 센 불에서 팔팔 끓여주세요.

2 끓어오르면 달걀물을 부어주세요. 원을 그리듯 천천히 부어주세요.

3 대파를 넣고 3분간 더 끓여주세요. 필요한 경우 소량의 국간장이나 소금으로 간해주세요.

달걀김치덮밥

아이들도 김치를 조금씩 먹는 연습이 필요해요. 빨간 김치를 먹기 힘든 아이들을 위해
물에 씻어서 달걀과 함께 볶아주었어요. 김치의 알싸한 맛은 사라지고 아삭한 식감만 남았어요.
바쁜 아침에 빠르게 준비하기에도 딱 좋은 식단이랍니다.

김치 1줌
달걀 1개
참기름(또는 들기름) ½큰술
식용유 약간

1 김치는 물에 씻어 매운 맛을 뺀 뒤 작게 잘라주세요.
2 프라이팬에 기름을 두르고 달걀물을 부어 볶아주세요.
3 볶은 달걀은 구석으로 밀어두고, 빈 곳에 김치와 참기름
   을 넣고 빠르게 볶아주세요.
4 참기름 향이 김치에 골고루 배면 달걀과 함께 섞어 볶아
   준 뒤 밥 위에 예쁘게 얹어주세요.

달걀피자

평범한 달걀요리를 조금은 색다르게 먹일 수 있게 만든 달걀피자예요.
평소에 아이가 잘 안 먹는 채소를 잘게 다져 함께 넣는다면 더 좋겠죠.
위에 치즈를 솔솔 뿌리면 피자처럼 먹는 재미를 느껴볼 수 있어요.

달걀 2개

식용유 약간

피자치즈 1줌

각종 채소 적당량

1 프라이팬에 기름을 두르고 달걀물을 넓게 부어주세요. 필요한 경우 소금으로 간해주세요.

2 그 위에 작게 자른 채소와 피자치즈를 듬뿍 얹어주세요.

3 뚜껑을 덮고 약불에서 치즈가 녹을 때까지만 익혀주세요.

스크램블에그버거

간단하면서도 든든하게 먹을 수 있는 간식이랍니다.
아기치즈나 양상추, 오이 등 다른 재료들을 곁들여도 좋아요.

모닝빵 1개
달걀 1개
우유 3큰술
소금 약간
방울토마토 1~2개

1 달걀에 우유와 소금을 넣고 섞은 뒤 기름을 두른 프라이
   팬에 올려 볶아주세요.
2 모닝빵을 반으로 가르고 안에 방울토마토와 볶은 달걀을
   넣어주세요. 샌드위치 픽을 꽂아 고정시키면 편해요.

달걀식빵

아이의 시각을 자극하는 영양만점 비주얼 간식이에요.

식빵 속에 쏙 들어간 달걀을 보면 맛보고 싶은 마음이 가득 차오를 거예요.

식빵 1장
달걀 1개
소금 약간
딸기쨈 약간

1 식빵은 물컵 등으로 찍어서 가운데 동그랗게 구멍을 내고
프라이팬에 올려 약불에서 구워주세요.

2 한쪽 면이 노릇노릇해지면 뒤집은 뒤 가운데 구멍에 달걀
을 깨 넣어주세요. 필요한 경우 소금으로 간해주세요.

3 뚜껑을 덮고 약불에서 약 2분간 익혀주세요. 중간 중간 뚜
껑을 열어 달걀의 상태를 확인하고 반숙 혹은 완숙으로
조절하면 됩니다.

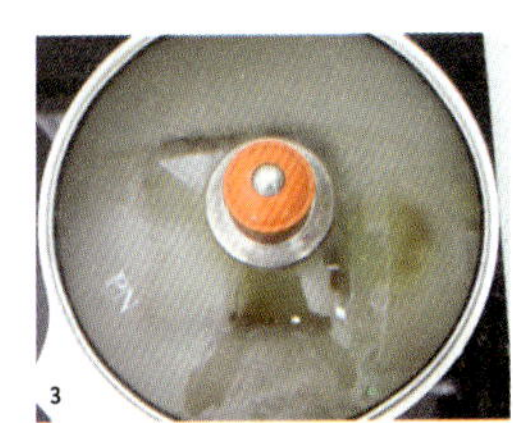

밥 맛있게 먹이기

밥을 안 먹는 아이라면 밥도 간식처럼 맛있게 먹을 수 있게 도와주세요.
아이와 함께 주먹밥을 만들어보세요. 밥을 만지작거리다 보면
밥과 친해질 수 있는 계기가 됩니다. 밥을 이용한 간식도 좋아요.
누룽지를 튀겨 설탕을 골고루 뿌려주면 건강한 엄마표 간식이 돼요.

COOK MENU

숭늉

아이가 밥을 먹지 않으려고 할 때는 밥을 다양한 방법으로 접하게 해주는 것이 좋아요.
숭늉도 그 방법 중에 하나랍니다.

밥 1공기
물 2~3컵

1 프라이팬에 기름을 두르지 않고 밥을 얇게 펴주세요. 약
불에서 앞뒤로 노릇노릇하게 구워주면 누룽지가 완성됩
니다. 밥이 잘 펼쳐지지 않을 때는 주걱에 물을 살짝 묻혀
가며 눌러주면 훨씬 수월하게 밥이 펼쳐집니다.

2 냄비에 물을 붓고 누룽지를 넣어 팔팔 끓여주세요. 너무
퍼지지 않도록 10분 내외로 끓이는 것이 좋습니다.

누룽지튀김

바삭하고 달콤한 누룽지튀김은 아이들 간식으로 너무 좋아요.
온가족이 함께 즐기기에도 이만한 것이 없죠. 엄마표 누룽지튀김의 참맛에 빠져들면
시판 과자와는 점점 멀어지게 될 거예요.

누룽지 밥 1공기 분량
식용유 적당량
설탕 약간

1 숭늉(p. 253) **1**번 과정과 동일하게 진행해 누룽지를 만들어
주세요.
2 냄비(혹은 깊이감이 있는 팬)에 식용유를 넉넉히 붓고 완성
된 누룽지를 먹기 좋게 잘라 넣어주세요. 너무 오래 튀기면
딱딱해지니 센 불에서 빠르게 튀겨내는 것이 좋습니다.
3 튀긴 누룽지를 건져내 기름을 털어내고 온기가 있을 때
설탕을 솔솔 뿌려주세요.

감자채밥전

밥맛이 없거나 밥 먹기 싫어할 때 별미로 만들어주면 좋아요.
담백하고 맛있어서 배불러도 계속 손이 가는 마법의 요리죠.
밥 대신 한 끼로 챙겨 먹이기도 좋아요.

감자 1개
밥 ½공기
식용유 약간
소금 약간

만드는 방법

1 채칼로 감자를 얇고 가늘게 채 썰어주세요.

2 프라이팬에 기름을 살짝 두르고 감자채를 한입 크기로 동그랗게 모아 얇게 올려주세요. 기호에 따라 소금을 살짝 뿌리셔도 됩니다.

3 그 위에 밥을 한 숟가락씩 얇게 펴 올려주세요.

4 그 위에 한 번 더 감자채를 얇게 펴 올린 뒤에 앞뒤로 노릇노릇하게 구워주세요.

TIP 전을 구울 때 자주 뒤집어주면 감자 모양이 흐트러질 수 있으니 한 면이 다 익을 때까지 기다렸다가 한 번만 뒤집어주세요.

견과류밥구이

고소하고 바삭한 밥 구이에 달콤한 설탕을 뿌리고 다진 견과류까지 올려냈어요.

이 맛있는 맛들이 어우러져 입안에서 사르르 녹네요.

밥의 식감, 밥 자체를 싫어하는 아이들에게 권해주세요.

밥 1공기
빵가루 ⅓컵
설탕 1큰술
다진 견과류 1큰술
통깨 1작은술

만드는 방법

1 볼에 밥과 빵가루를 넣고 섞은 뒤 한입 크기로 집어 동그
랗고 얇게 빚어주세요.

2 기름을 두른 프라이팬에 올려 앞뒤로 노릇하게 구워주
세요.

3 다 구워지면 설탕과 깨를 솔솔 뿌리고, 접시로 옮겨 담은
뒤 다진 견과류를 얹어주세요.

김치밥전

밥과 김치는 환상의 짝꿍! 김치를 잘 못 먹는 아이들을 위해

물에 씻고 잘게 다져서 밥과 함께 전을 부쳐주세요.

맛도 좋고 속도 든든해지니 아이들 한 끼로 너무 좋답니다.

밥을 먹기 싫어하는 아이들도 김치밥전을 한 번 맛보면 자꾸만 먹고 싶어질 거예요.

김치 1줌
밥 ⅔공기
밀가루 ½컵
물 ⅓컵
식용유 약간

1 김치는 씻어서 매운 맛을 빼고 물기를 꼭 짠 뒤 잘게 다져 주세요.

2 볼에 모든 재료를 담고 섞어 반죽을 만들어주세요.

3 프라이팬에 기름을 두르고 반죽을 한입 크기로 얹은 뒤 앞뒤로 노릇하게 부쳐주세요.

팽이버섯밥

간단하게 만들 수 있는 한 그릇 식단입니다.
급하게 아이 식사를 준비해야 할 때 권하고 싶어요.
양념장을 쓱쓱 비비면 군침이 싹 돌지요.
빠르게 만들 수 있지만 맛과 영양은 살린 메뉴예요.

팽이버섯 1줌
다진 양파 1줌
밥 1공기

양념장
간장 ½큰술
참기름 ½큰술
깨소금 1작은술

만드는 방법

1 팽이버섯은 1cm 길이로 작게 썰고, 양파는 잘게 다져주세요. 기름을 두르지 않은 프라이팬에 두 재료를 올리고 볶아주세요.

2 밥 위에 **1**을 소복하게 얹은 뒤 만들어둔 분량의 양념장을 뿌려 비벼주세요.

TIP 양념장에 들어가는 간장의 양은 아이 연령에 따라 조절해주세요.

달걀주먹밥

아이들 소풍갈 때, 입맛 없어할 때, 색다른 메뉴를 먹고 싶어할 때 만들어보세요.
동글동글 예쁘게 굴려서 만든 주먹밥을 입에 쏙쏙 넣어주면 아이들도 즐거워하지요.
집에서도 도시락에 담아서 소풍 온 기분을 내보세요.

다진 채소 1줌
밥 1공기
달걀 1개
소금 약간
식용유 약간

1 냉장고 속 남은 채소들을 잘게 다진 뒤에 밥과 함께 볶아 볶음밥을 만들어주세요. 기호에 따라 소금을 살짝 뿌려주세요.

2 완성된 볶음밥은 한 김 식힌 뒤에 한입 크기로 동그랗게 뭉쳐주세요.

3 달걀물에 퐁당 담가 골고루 묻혀주세요.

4 프라이팬에 기름을 살짝 두르고 주먹밥을 올려 굴려가며 겉면을 익혀주세요. 프라이팬 손잡이를 잡고 흔들면서 굴리면 예쁜 모양으로 완성됩니다.

치즈멸치주먹밥

밑반찬으로 해놓은 멸치볶음을 이용해서 만들어본 주먹밥이에요.

고소한 멸치볶음과 참기름, 거기에 치즈까지 더해져서 입맛을 돋우기 좋아요.

아이들과 함께 만들어본다면 더 좋겠죠.

밥 1공기
멸치볶음 1줌
참기름 ½큰술
깨소금 1작은술
아기치즈 1장

만드는 방법

1 멸치볶음(p. 286)을 잘게 빻아주세요.

2 볼에 밥과 **1**, 참기름, 깨소금을 넣고 섞어주세요.

3 랩 위에 **2**를 한입 크기씩 덜어 넣고 동그란 모양으로 돌돌
말아주세요. 완성된 주먹밥 위에 치즈 조각을 하나씩 얹
어주세요.

1

2

3

건새우주먹밥

건새우를 볶으면 듬뿍 올라오는 새우의 향이 식욕을 자극해요.
이걸 곱게 빻아서 주먹밥 만들 때 사용하면 감칠맛이 돌아 맛있어요.
하나씩 먹기에도 좋아서 어느새 바닥을 보이게 될 거예요.

건새우 1줌
밥 1공기
참기름 1큰술
식초 ½큰술
설탕 1작은술
김가루 약간
깨소금 약간
식용유 약간

만드는 방법

1 기름을 두른 팬에 건새우를 넣고 볶아주세요.

2 볶은 건새우는 믹서기나 절구를 이용해 곱게 빻아주세요.

3 볼에 건새우와 나머지 재료를 모두 넣고 조물조물 섞은
   뒤 한입 크기로 동그랗게 말아주세요.

가지밥전

서걱서걱한 가지 식감을 싫어하는 아이도 맛있게 즐길 수 있어요.
밥과 함께 전으로 부쳐 가지를 먹음직스러워 보이게 변신시켰답니다.
식감도 부들부들 연해지고요, 당연히 맛도 있고요.

가지 ½개
밥 ½공기
달걀 1개
소금 약간
밀가루 ½컵

만드는 방법

1 가지는 0.5mm 두께로 어슷하게 썰고 밀가루를 앞뒤로 골
고루 묻혀주세요.

2 가지 위에 밥을 한 숟가락씩 얹어서 얇게 펼쳐준 뒤 그 위
에 밀가루를 한 번 더 뿌려주세요.

3 달걀물을 촉촉하게 입힌 뒤에 기름을 두른 프라이팬에 올
려 앞뒤로 노릇하게 구워주세요. 구우면서 남은 달걀물을
숟가락으로 떠서 얹어주세요.

밥샌드위치

밥 먹기 지루해하는 아이를 위해 준비해주세요.
늘 먹던 볶음밥으로 샌드위치를 만드는 거죠.
같은 음식이라도 약간의 아이디어를 더해주면 아이들은 너무나 새롭다고 느낀답니다.

밥 1공기
각종 채소 적당량
김밥용 김 1장
소금(또는 간장) 약간
식용유 약간

만드는 방법

1 집에 있는 채소들을 작게 다진 뒤 기름을 살짝 두른 프라이팬에 올려 볶아주세요.

2 여기에 밥을 넣고 함께 볶아 볶음밥을 만들어주세요. 필요에 따라 간장 혹은 소금으로 간해주세요.

3 김밥용 김을 펼치고 중앙에 볶음밥을 동그랗게 올려주세요.

4 김의 대각선 꼭짓점이 서로 만나게끔 밥을 감싸듯 접어 사각형 모양으로 싼 뒤 먹기 좋게 반으로 잘라주세요.

간식 맛있게 먹이기

평소 달콤한 것을 좋아하는 아이에게 시판 과자 대신 과일과 꿀 등
건강한 재료를 이용해 엄마표 달콤함을 선사하는 것도 좋은 방법이에요.
거창한 요리가 아니더라도 간단한 방법으로 새로운 레시피에 도전해보세요.
아이도 충분히 할 수 있는 쉬운 레시피니 함께 요리해보는 것도 좋아요.

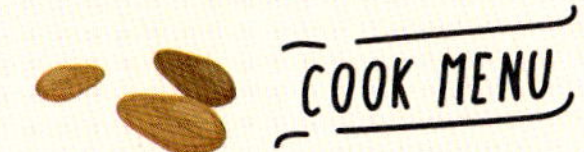

요거트단호박찜

멜론우유화채

아몬드고구마샐러드

바나나우유빙수

견과류세이크 ★

블루베리요구르트 ★

청포도주스

사과라떼

호두멸치과자 ★

요거트단호박찜

평범한 단호박 찜을
멋진 간식으로 변신시켰어요.
요거트와 견과류만 있으면
심심한 단호박도 특별한 간식이
된답니다. 견과류도 같이
먹을 수 있어서 좋아요.

재료

단호박 150g(1/4개)
요구르트 60g
각종 견과류 1줌

만드는 방법

1 단호박은 먹기 좋은 크기로 잘라서 찜기에 넣고 찐 뒤 그 위에 요구르트와 다진 견과류를 얹어주세요. 단호박을 으깨 요구르트와 견과류를 섞어 떠먹으면 더 맛있어요.

멜론우유화채

그동안 멜론을 그냥 잘라서
먹기만 했다면 조금 색다르게
우유에 타서 화채를 만들어보면
어때요? 멜론과 우유가
어우러져 달콤하면서도
부드러운 맛을 낸답니다.
입 안에서 녹는 맛에
아이들도 반할 거예요.

재료

멜론 150g
우유 ½컵
꿀 ½~1큰술

만드는 방법

1 멜론은 사방 1~1.5cm 크기로 썰고, 볼에 담아 우유를 부운 뒤 꿀을 타서 드세요.

1

아몬드고구마샐러드

견과류를 잘 안 먹으려고 하는 아이들에게 권하고 싶어요.
고구마샐러드에 아몬드를 함께 넣어서 먹으면 고구마의 달콤한 맛 때문에
아몬드의 맛이 묻혀 저절로 잘 먹게 될 거예요.

재료

고구마 150~180g(중간 크기 1개)
아몬드 1줌
우유 3큰술
꿀 1큰술

만드는 방법

1 고구마는 삶은 뒤 껍질을 벗기고 곱게 으깨주세요.
2 여기에 슬라이스로 썬 아몬드와 우유, 꿀(기호에 따라 선
택 가능)을 넣고 잘 섞어주세요.

바나나우유빙수

아이스크림을 좋아하는 아이들을 위해 바나나빙수를 만들어보세요.

만들기도 간단해서 아이와 함께 만들면 더 좋아요.

달달한 걸 좋아하는 아이들에게 엄마표 건강한 달콤함을 선물해주세요.

바나나 1개
우유 1컵
꿀 1큰술

1 믹서기에 바나나와 우유, 꿀을 넣고 곱게 갈아주세요.
2 지퍼 백에 옮겨 담고 눕힌 상태로 냉동실에 얼려주세요.
　필요할 때마다 절구로 빻거나 부수면 맛있는 바나나빙수
　가 됩니다.

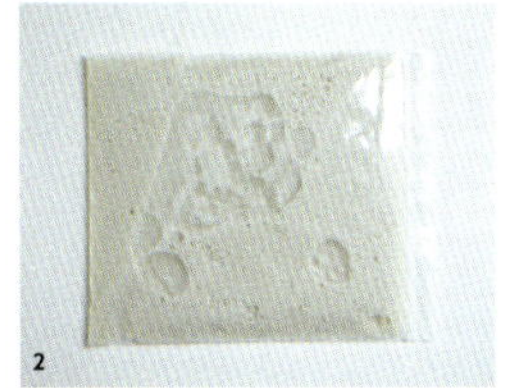

견과류 셰이크

견과류를 그냥 먹지 않으려고
하는 아이를 위해 우유와 함께
달콤한 라떼를 만들었어요.
견과류라는 걸 모르고
고소함에 반해 맛있게 먹게
될 거예요.

재료

우유 1컵
다진 견과류(호두, 땅콩 등) 20g
꿀 1큰술

만드는 방법

1 믹서기에 우유와 다진 견과류, 꿀을 넣고 갈아주세요.

블루베리요구르트

아이가 블루베리를
그냥 먹는 걸 좋아하지 않는다면
요구르트에 섞어주세요.
더 맛있게 먹을 수 있답니다.
블루베리 대신 딸기를 갈아서
넣어줘도 좋아요.

재료

플레인 요구르트 80g
블루베리 1줌

만드는 방법

1 블루베리를 깨끗하게 씻은 뒤 믹서기에 갈아 요구르트 위
에 올려드세요.

1

청포도주스

청포도는 그냥 먹어도 맛있지만
주스로 갈아서 마시면
별미가 된답니다.
시판 음료 대신 엄마표 주스로
아이의 입맛과 건강까지 챙겨요.

재료

청포도 150g(작은 송이로 ½개)
꿀 1큰술
물 ½컵

만드는 방법

1 청포도는 세척을 위해 식초를 넣은 물에 10분 이상 담가두
　세요.
2 믹서기에 청포도, 꿀, 물을 넣고 갈아주세요.

1

2

사과라떼

사과와 우유의 조화가
부드럽고 달콤해요.
우유를 좋아하지 않는 아이에게
먹이기도 좋답니다.
일반 우유보다 더 달콤하고
향긋해서 맛있게
먹을 수 있는 간식이에요.

재료

사과 ½개
꿀 1큰술
우유 ⅔컵

만드는 방법

1 사과는 껍질을 벗겨 큼직하게 자르고, 믹서기에 재료를 모
두 넣고 갈아주세요.

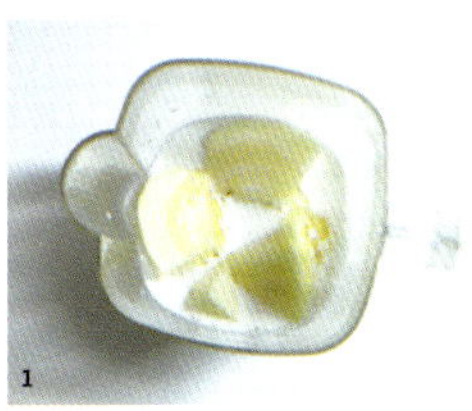

호두멸치과자

반찬으로만 먹던 멸치를 바삭바삭하게 튀겨 과자처럼 만든 레시피예요.
호두를 넣어 더 담백하고 건강하게 먹을 수 있게 만들었어요.

멸치 50g
호두 20g
설탕 1큰술
식용유 적당량

1 멸치는 체에 밭쳐 가루를 털어주세요.
2 호두는 잘게 다져주세요.
3 프라이팬을 예열한 뒤 기름 없이 멸치를 바싹 볶아주세요.
4 멸치가 바싹 마르면 기름을 넉넉하게 부어 튀기듯이 한
  번 더 볶아주세요. 그 다음 불을 끄고 설탕과 다진 호두를
  넣고 버무려주세요.

에디슨에서 탄생한 귀여운 동물 캐릭터

"에디슨 프렌즈"를 소개합니다!

톡톡 튀는 아이디어 기능성 제품들을 에디슨 프렌즈와 함께 만나보세요.
아이들에게 좋은 친구가 되어줄 에디슨 프렌즈! 에디슨에서만 만날 수 있습니다.

(주)아이엔피 Edison® 경기도 부천시 산업로 8번길 32   제품 문의 TEL. 1577-1832   www.EDISONI.com

아기와의 외출을 **가볍게~** 이유식 **간편 보관!**

마더케이 일회용 이유식 저장팩

· 유해물질 **NO, 안심소재**

· **전자레인지 해동, 중탕**

· 외출시 가볍게 이유식 **1회분씩** 보관

· 이유식 & 육수 냉동, 냉장 보관

· 샘 걱정 **NO, 안심밀봉 이중지퍼**

· 이유식 양에 맞춘 최적화 사이즈 구성

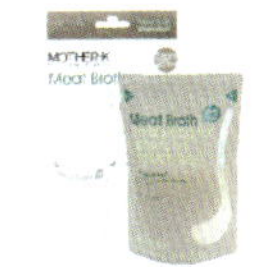

이유식저장팩 200ml	이유식저장팩 260ml	이유식육수저장팩 400ml	이유식밀폐용기	실리콘 이유식 스푼세트	일회용테이블매트